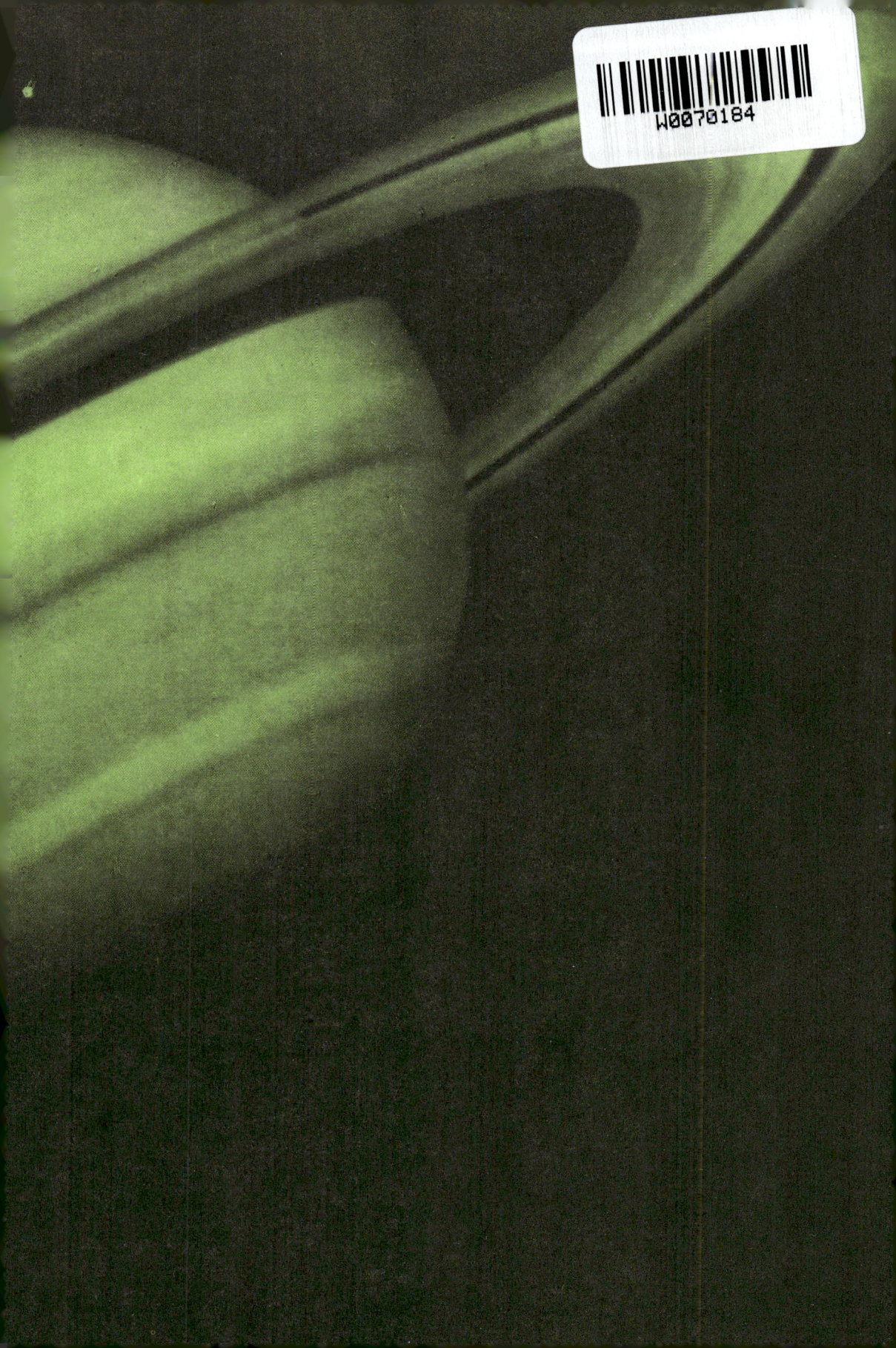

Hans Kleffe
Roboter reisen zu Planeten

Hans Kleffe

Roboter reisen zu Planeten

Der Kinderbuchverlag Berlin

Einband von Horst Boche
Illustrationen:
Horst Boche S. 3, 9, 20, 39, 50, 52, 58
Gerd Ohnesorge S. 29, 48, 54
Klaus Segner S. 27

Fotos:
ADN (10)
Archenhold-Sternwarte (1)
Archiv (2)
Bildsammlung Dr. Herrmann (1)
Nowosti (5)
Sammlung Stache (10)

Die Abb. S. 50 unten entnahmen wir dem Titel
Heinz Mielke, Zu neuen Horizonten
Wetter-Sonne-Weltraumforschung
4., überarb. und erw. Auflage
transpress VEB Verlag für
Verkehrswesen, Berlin 1976

ISBN 3-358-00728-6

1. Auflage 1986
© DER KINDERBUCHVERLAG BERLIN – DDR 1986
Lizenz-Nr. 304-270/121/86-(25)
Gesamtherstellung: INTERDRUCK,
Graphischer Großbetrieb Leipzig, Betrieb der ausgezeichneten Qualitätsarbeit,
III/18/97
LSV 7821
Für Leser von 10 Jahren an
Bestell-Nr. 632 356 9

Kann der Mensch zum Mars fliegen?

In utopischen Romanen und Filmen werden abenteuerliche Flüge durch das Weltall geschildert. Sie führen nicht nur zu anderen Planeten unseres Sonnensystems, sondern zu viel weiter entfernten Himmelskörpern, ja sogar zu anderen Galaxien (Milchstraßensystemen). Darunter versteht man eine riesige Ansammlung von Sternen, die sich um ein gemeinsames Zentrum bewegen. Auch unsere Sonne mit ihren Planeten gehört einer Galaxie an, die insgesamt über 100 Milliarden Sterne umfaßt, welche der Sonne gleich oder ähnlich sind. (1 Milliarde = 1 000 Millionen.) Sie sind in einem Raum von etwa 950 000 000 000 000 000 Kilometer Durchmesser verteilt.

Die Astronomen drücken solche Entfernungen auch in Lichtjahren (Kurzzeichen: Lj) aus. 1 Lj ist gleich der Strecke, über die sich das Licht innerhalb eines Jahres ausbreitet. Da die Lichtgeschwindigkeit rund 300 000 km/s (Kilometer je Sekunde) beträgt, entspricht 1 Lj 9 460 600 000 000 km. Nach diesem Entfernungsmaß hat unsere Galaxie einen Durchmesser von etwa 100 000 Lj. Der unserer Sonne am nächsten benachbarte Stern des Milchstraßensystems ist 4,3 Lj entfernt. Solche Weiten können wir uns nicht mehr recht vorstellen, sondern nur in Zahlen ausdrücken.

Die Galaxie, zu der unsere Sonne gehört, ist aber nicht die einzige im Universum. In dem bis heute durch Fernrohre überschaubaren Weltraum gibt es schätzungsweise 10 Milliarden weitere Milchstraßensysteme. Um zu einem von ihnen zu gelangen, müßten also noch weit größere Strecken als der oben angegebene Durchmesser unserer Galaxie zurückgelegt werden. So ist zum Beispiel eines der uns nächsten Systeme, der Andromedanebel, 2,25 Millionen Lj entfernt.

Phantasie und Wirklichkeit

Utopische Romane und Filme mögen spannend und unterhaltsam sein. Sie sind aber reine Phantasie. Wir dürfen sie nicht als Schilderung von Zukunftsprojekten auffassen, die irgendwann einmal verwirklicht werden. Zwar erfinden die Verfasser der Bücher und Filme Raumschiffe, die fast mit Lichtgeschwindigkeit fliegen. Doch sprechen alle Erkenntnisse der Physik dagegen, daß solche Geschwindigkeiten mit Raumflugkörpern zu erreichen sind.

Anders verhält es sich mit bemannten Flügen zu unseren Nachbarplaneten Mars und Venus. Für sie sind jedoch Reisezeiten erforderlich, welche die bisher längsten Raumflüge von Kosmonauten in Orbitalstationen bei weitem übertreffen. So wurden für einen Flug zum Mars und zurück 969 Tage errechnet. 449 davon müßten die Raumfahrer auf dem Mars bleiben, um eine für die Rückkehr günstige Stellung der beiden Planeten zueinander abzuwarten. Für eine Expedition zur Venus wurden 786 Tage errechnet. Mit noch schnelleren Flugkörpern wären die Reisezeiten zwar zu verkürzen; da bemannte Raumschiffe für den interplanetaren Verkehr jedoch ziemlich groß und schwer sein würden, ließe sich ihre Geschwindigkeit nicht wesentlich vergrößern. Mit den bisherigen Raketen sind daher solche Flüge noch nicht möglich. Vielleicht werden sie später einmal Wirklichkeit.

Roboter als Kundschafter

Haben wir deshalb Grund, über den gegenwärtigen Stand der Raumflugtechnik enttäuscht zu sein? Keinesfalls! Denn: ist es nicht phantastisch, daß heute unbemannte Raumsonden ferne Planeten erkunden, uns Bilder und Meßdaten übermitteln, ohne daß dafür Menschen die Erde zu verlassen brauchen? Anstelle von Raumfahreren entsenden die Forscher „Roboter" mit künstlichen Augen und Meßfühlern in das All. Über Millionen und Milliarden von Kilometern melden sie, was sie „sehen" und messen.

So wird nun schon seit vielen Jahren unser Planetensystem genauer erforscht, als es bis dahin allein mit Fernrohren und anderen Instrumenten der Astronomen möglich war. Es entstand eine neue Wissenschaft, die Planetologie. Sie befaßt sich mit der Beschaffenheit der Planeten und ihrer Atmosphären, also der Gashüllen, welche die meisten dieser Himmelskörper umgeben. Auch die Monde sind in die Forschung mit einbezogen. Auf dem Erdmond und dem Mars wurden mit Hilfe von „Robotern" sogar Versuche durchgeführt und damit der Schritt von der bloßen Beobachtung zum Experiment vollzogen. Die Planetologie trägt dazu bei, daß wir neue und vertiefte Erkenntnisse über die Entstehung und Entwicklung des Sonnensystems erlangen und die Besonderheiten unserer Erde besser verstehen.

Großer Nutzen entsteht dadurch auch für die Wissenschaft, Medizin, Technik und Wirtschaft auf der Erde. Denn es mußten komplizierte technische Verfahren, Geräte, Instrumente und besondere Werkstoffe geschaffen werden, die es vordem nicht gab. Da sie nicht nur für die Weltraumforschung, sondern ebenso für irdische Zwecke anwendbar sind, erschlossen sie uns zum Teil völlig neue Perspektiven.

Gefahrenzone im Weltraum

Bevor Raketen zu fernen Planeten flogen, wurde erst einmal der kosmische Raum „vor der Haustür" unserer Erde genauer erforscht. Dieser Bereich, der sich viele Tausende Kilometer um die Erdkugel erstreckt, wird als erdnaher Weltraum bezeichnet. Mit seiner Erforschung begann schon der erste Sputnik, den sowjetische Wissenschaftler am 4. Oktober 1957 ins All schickten. Inzwischen umlaufen einige tausend künstliche Satelliten die Erde. Aus der Fülle der Forschungsergebnisse über den erdnahen Weltraum seien hier nur einige besonders wichtige herausgegriffen: der Strahlengürtel und die Magnetosphäre. Beide haben große Bedeutung nicht nur für die Wissenschaft und den Weltraumflug selbst, sondern – ohne daß man je davon wußte – auch für das Leben auf der Erde überhaupt.

17 000 km/s

Vielleicht ist dem einen oder anderen schon aufgefallen, daß alle bemannten Raumstationen in einem Bereich zwischen etwa 200 und 300 km Höhe die Erde umkreisen, niemals in mehreren tausend Kilometern. Das hat nicht allein den Grund, daß die Erkundung der Erde aus verhältnismäßig niedrigen Bahnen genauer möglich ist. In viel größeren Höhen längere Zeit zu fliegen wäre für die Raumfahrer gefährlich. Denn dort herrscht eine sehr energiereiche Strahlung.

Sie besteht aus unvorstellbar vielen Teilchen, die so winzig sind, daß wir ihr Auftreffen auf der Haut nicht spüren. Was sie für Lebewesen gefährlich macht, ist ihre riesige Geschwindigkeit, die bis zu 17 000 km/s betragen kann. Auch Bewegung ist nämlich eine Form der Energie, und extrem schnelle Bewegungen verkörpern deshalb sehr große Energien. Wenn solche rasenden Teilchen auf den menschlichen Körper einwirken, verursachen sie zwar keine Verletzungen, aber physikalisch-chemische Veränderungen in den Organen. Diese führen allmählich zu schweren Erkrankungen oder gar zum Tode. Die Teilchen wirken ähnlich wie jene Strahlung, die bei Explosionen von Kernwaffen entsteht.

Die Erde ist in Höhen zwischen etwa 1 000 und 25 000 km von einer derartigen Zone umgeben, in der zahlreiche solche energiereichen Teilchen vorhanden sind. Es ist der sogenannte Strahlengürtel, nach einem amerikanischen Wissenschaftler, der ihn aus den Meßergebnissen von Satelliten erkannte, auch als Van-Allen-Gürtel bezeichnet. Die Stärke der Strahlung ist in dem erwähnten Höhenbereich nicht überall gleich, sondern in zwei Regionen besonders groß. Deshalb wird zwischen einem inneren, dessen Höhe etwa 1 000 bis 6 000 km beträgt, und einem äußeren Strahlengürtel von 15 000 bis 25 000 km Höhe unterschieden. Außerdem wechselt die Intensität der Strahlung zeitlich, besonders im äußeren Gürtel. Das hängt von bestimmten Vorgängen ab, die sich auf der Sonne ereignen.

Zum Glück ist die Strahlung nicht so stark, daß sie dem Vordringen des Menschen in die Weiten des Weltalls eine unüberschreitbare Schranke setzt. Auf einem Flug zum Mond und zurück darf der Strahlengürtel ohne Schaden für die Raumfahrer kurzzeitig durchquert werden. Nur ein wochen- oder monatelanger Aufenthalt in dieser Region wäre gefährlich. Die Wände des Raumschiffes schützen gegen die Strahlung nicht. Ein großer Teil der winzigen Partikel durchschlägt sie und gelangt in die Kabine.

Der Strahlengürtel entsteht auf komplizierte Weise, hauptsächlich durch das Zusammenwirken einer ständig von der äußeren

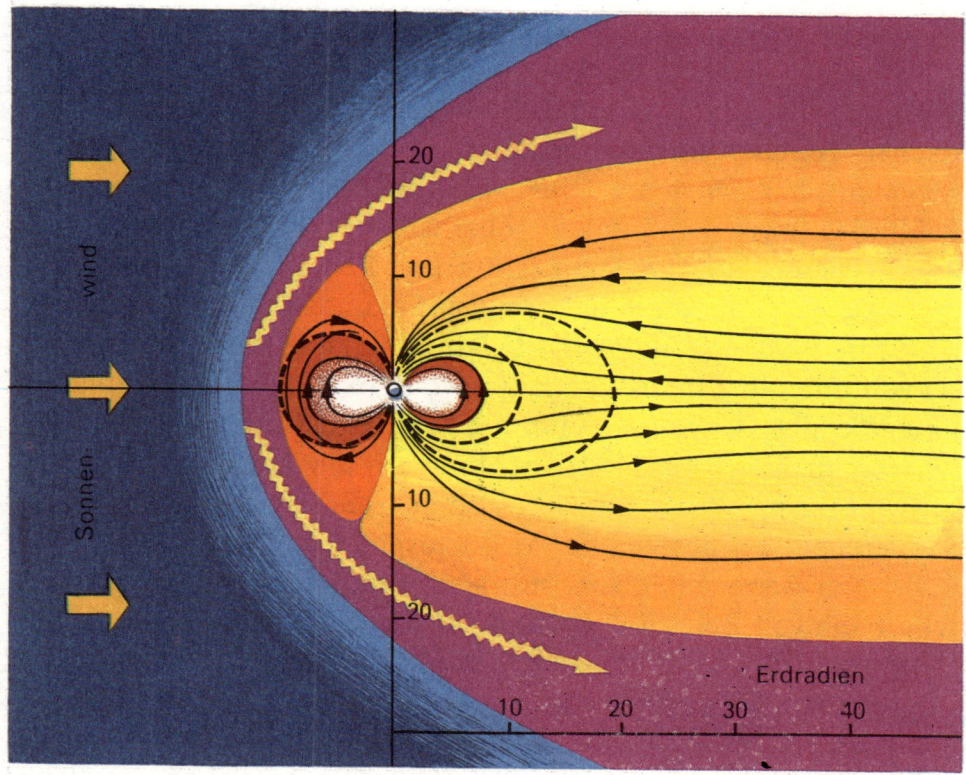

Schema der Magnetosphäre. Erläuterung im Text

Hülle der Sonne ausgehenden Strömung schneller Teilchen und dem Magnetismus der Erde. Die Erde verhält sich nämlich ähnlich wie ein riesiger Stabmagnet. Sie hat einen magnetischen Nord- und einen Südpol, wobei der magnetische Nordpol in der Nähe des geographischen Südpols und der magnetische Südpol in der Nähe des geographischen Nordpols liegen. Um einen solchen Magneten verläuft von Pol zu Pol ein magnetisches Kraftfeld. Es wird in Zeichnungen durch Linien, Feldlinien genannt, veranschaulicht. Das Wort Feld bedeutet in diesem Falle den Raum, in dem der Magnetismus wirksam ist. Der Bereich des Weltraums, in dem das Erdmagnetfeld die Bewegung der Teilchen beeinflußt, heißt Magnetosphäre. Ihre Ausdehnung und ihre eigentümliche Form wurden durch Messungen zahlreicher Satelliten sowie von Raumsonden auf ihrem Wege zu anderen Planeten oder zum Mond ermittelt.

In Sekunden von Pol zu Pol

Verfolgen wir nun noch einmal genauer den Weg, den die energiereichen Teilchen im Strahlengürtel, also bei Vorhandensein einer
Magnetosphäre, nehmen. Sie rasen entlang den magnetischen
Feldlinien zwischen Punkten oberhalb des magnetischen Nord-
und des magnetischen Südpols hin und her. Diese riesige Strecke
legen sie jedesmal innerhalb weniger Sekunden zurück. Dabei verläuft ihre Bahn außerdem nicht glatt in einem Kreisbogen, sondern
sie vollführen bei ihrer Wanderung von Pol zu Pol noch schrauben-
linienförmige Bewegungen um die Magnetfeldlinie. Ferner driften
sie gleichzeitig in Ost-West-Richtung um die Erde.

Die Teilchen bewegen sich also in sehr komplizierter Weise,
bleiben aber dennoch in der Magnetosphäre gefangen wie in einer
Falle. Nur wenn sie äußerst stürmisch einfallen, wird die magnetische Falle von Zeit zu Zeit „undicht", besonders über dem nördlichen und südlichen Polargebiet. Dann dringen die Teilchen näher
zur Erde vor. Gelangen sie in die Atmosphäre, erzeugen sie in Höhen zwischen etwa 300 und 80 km bei ihrem Einwirken auf die dort
befindlichen Gase Leuchterscheinungen. So entstehen die Polarlichter. Sie sind noch von anderen Auswirkungen begleitet und
führen unter anderem zu Störungen des Kurzwellen-Funkverkehrs.
Es wird auch vermutet, daß bestimmte Vorgänge, die der Sonnenwind in hohen Schichten der Atmosphäre auslöst, Einfluß auf die
Witterung haben. Doch ist noch unerforscht, auf welche Weise dies
geschieht.

Sonnenwind stürmt durch das All

Wie schon früher vermutet, aber ebenfalls erst eindeutig durch
Raumflugkörper bestätigt wurde, sendet unsere Sonne nicht nur
Licht-, Wärme- und andere elektromagnetische Strahlen aus, sondern sie schleudert auch ständig unvorstellbar große Mengen win-
zigster Materieteilchen nach allen Seiten in den Weltraum. Dafür
wurde das Wort Sonnenwind eingeführt. Seine Stärke wechselt in
Abhängigkeit von Vorgängen auf unserem Zentralgestirn. Wir können uns den Sonnenwind deshalb wie sehr schnell wandernde Teil-

chenwolken vorstellen. Ihre mittlere Geschwindigkeit ist allerdings sehr viel größer als die irdischer Wolken. Sie beträgt in der Nähe der Erdbahn etwa 400 km/s, gelegentlich rasen die Teilchen aber auch mit einer Geschwindigkeit von 1 000 km/s durch den Raum. Die Sonne verliert infolge dieses Teilchenstroms im Durchschnitt je Sekunde etwa eine Million Tonnen Materie. Da sie riesig groß ist, ergäbe das aber erst in 10 Milliarden Jahren den knapp 6 000. Teil ihrer Masse.

Die Sonnenwindteilchen sind elektrisch geladen. Alle geladenen Partikel werden nach einem physikalischen Naturgesetz in Magnetfeldern abgelenkt und dadurch in der Magnetosphäre eingefangen und angehäuft. Sie bilden die erwähnten Strahlengürtel. Zum Sonnenwind kommen noch andere geladene Teilchen atomarer Größe hinzu, die aus den Weiten des Weltalls stammen und als kosmische Strahlung bezeichnet werden. Der anströmende Sonnenwind beeinflußt aber die Form der Magnetosphäre. Er drückt sie auf der sonnenzugewandten Seite der Erde gewissermaßen ein und zieht sie auf der abgewandten schweifartig aus. Diese Form bleibt ebenfalls nicht dauernd gleich. Bei gelegentlichen besonders heftigen Ausbrüchen von Teilchen aus der Sonne wird sie für Stunden oder Tage verzerrt.

Der Strahlenschutzschild der Erde

Der Sonnenwind wird in der Magnetosphäre teils eingefangen, teils umströmt er die Erde und bewegt sich hinter ihr weiter. In beiden Fällen wird er von der Erdoberfläche ferngehalten. Das ist für die Lebewesen auf unserem Planeten sehr bedeutsam. Würden die Teilchen bis zum Erdboden vordringen, dann wären wir alle einer stärkeren Strahlung ausgesetzt. Leben würde dadurch zwar nicht unmöglich, aber bestimmte Krankheiten kämen öfter vor. Wahrscheinlich verringerte sich das durchschnittliche Alter der Menschen. Energiereiche Strahlen können, wenn sie auf die Ei- und Samenzellen einwirken, auch die Erbanlagen verändern. In den meisten Fällen sind die Veränderungen ungünstig, führen zu Krankheiten. In einigen wenigen Fällen entstehen dadurch aber auch vorteilhaftere neue Erbanlagen. Das hat im Verlaufe der Erd-

geschichte mit zur Entstehung immer neuer Arten von Pflanzen und Tieren beigetragen.

Das Magnetfeld der Erde bleibt nicht dauernd in gleicher Stärke und Richtung erhalten. Wissenschaftler stellten fest, daß es sich im Verlaufe der Erdgeschichte häufig umpolte. Das geschieht nicht schlagartig. Vielmehr geht die Stärke des Magnetfeldes allmählich auf Null zurück und entsteht dann wieder von neuem, aber in umgekehrter Richtung. Der ursprüngliche magnetische Nordpol wird dann zum magnetischen Südpol und umgekehrt. Besonders interessant ist nun, daß die Forscher seit Jahrzehnten wiederum eine langsame Abnahme der Magnetfeldstärke beobachten. Wenn dies in gleichem Maße andauert, müßte sie nach etwa 2000 Jahren gleich Null sein. Damit wäre die Erde vorübergehend „magnetisch nackt", also ohne den Strahlenschutzschild der Magnetosphäre. Wir sehen, welch große Bedeutung solche Erkenntnisse für das praktische Leben der Menschheit haben.

Wenn der Sonnenwind mit Überschallgeschwindigkeit auf die ungeschützte Atmosphäre trifft, wird es nach Ansicht von Fachleuten zu größeren Unterschieden des Luftdrucks und der Temperatur zwischen Tag und Nacht kommen. Denn der Teilchenstrom träfe ja stets hauptsächlich die jeweils der Sonne zugewandte, also die Tagseite der Erde. Die Menschen werden sich auf eine geeignete Weise gegen die erhöhte Strahlung schützen müssen. Doch ist kaum zu befürchten, daß sie bis in Erdbodennähe in einer solchen Stärke vordringt, daß ein Aufenthalt im Freien überhaupt nicht mehr ohne Gefahr möglich ist. Denn auch die Atmosphäre selbst hat eine begrenzte Schutzwirkung.

Elektronische Späher enträtseln den Mond

Der Mond ist der uns nächste Himmelskörper des Weltalls. Verglichen mit den Entfernungen aller anderen Planeten und der Sonne ist er fast „zum Greifen nahe". Aber es sind bis zu ihm im Mittel immerhin 384 000 km; das ist das fast Zehnfache des Erdumfangs am Äquator, jedoch nur 1/390 des Abstandes Sonne – Erde und 1/107 der Strecke Erde – Venus bei größter Annäherung beider Planeten. Der Durchmesser des Mondes entspricht mit 3 476 km rund einem Viertel, sein Volumen (Rauminhalt) dem 50. und seine Masse nur dem 81. Teil der betreffenden Daten der Erde. Trotzdem hat er eine in unserem Planetensystem nur einmal vorkommende Eigenschaft. Setzt man nämlich die Masse aller anderen Monde, die es noch gibt, ins Verhältnis zur Masse des Planeten, zu dem sie gehören, so sticht unser Mond als Riese hervor. Hat er 1/81 der Erdmasse, so beträgt das nächsthöhere Massenverhältnis eines Mondes bereits weniger als 1/800. Die Massen der meisten anderen Monde sind sogar geringer als 1/10 000 der ihres Planeten.

Erde und Mond – ein Doppelplanet

Wegen dieser verhältnismäßig großen Masse ist unser Begleiter eigentlich gar kein richtiger Mond, sondern er bildet zusammen mit der Erde ein Doppelplaneten-System. Beide Himmelskörper

bewegen sich gemeinsam um einen gedachten Punkt, den Masse-
schwerpunkt, und dabei gleichzeitig um die Sonne. Dieser Masse-
schwerpunkt liegt allerdings noch innerhalb der Erdkugel, und
zwar etwa 4 670 km vom Erdmittelpunkt entfernt. In gewissem
Sinne ist also der Flug zum Mond auch eine Expedition zu einem
Planeten.

In früheren Zeiten glaubte man, daß der Mond ebenfalls be-
wohnt sei. Es wurde von Mondmenschen fabuliert, die ihren Kopf
unter dem Arm tragen können. Auf den Mondbäumen sollten wun-
derbare Früchte innerhalb eines einzigen Tages reifen und derglei-
chen Wunderdinge mehr geschehen. Der bedeutende österreichi-
sche Komponist Joseph Haydn (1732–1809) schrieb sogar eine
Oper mit dem Titel „Die Welt auf dem Monde".

An solche Phantastereien glaubt man freilich schon längst nicht
mehr. Aber die moderne Wissenschaft hat viele neue Fragestellungen über diesen Himmelskörper aufgeworfen. Wie ist der Mond
entstanden? Ist er ebenso alt wie die Erde? War er womöglich einmal Bestandteil der Erde und wurde von ihr abgeschleudert? Wie
sind die zahlreichen mit dem Fernrohr zu erkennenden Krater entstanden? Vor allem: wie sieht es auf der erdabgewandten „Rückseite" des Mondes aus. Vor dem Zeitalter der Raumfahrt hatte sie
noch keines Menschen Auge erblickt. Denn unser Begleiter wendet
uns ständig dieselbe Hemisphäre (Halbkugel) zu, weil er in der
gleichen Zeit einmal um seine Achse rotiert, in der er sich um die
Erde bewegt.

Die Rückseite ist anders

Über die Beschaffenheit der erdabgewandten Mondhälfte erfuhren
wir zum ersten Mal etwas durch die sowjetische Mondsonde Lu-
nik 3. Sie startete am 4. Oktober 1959, flog über den Mond hinaus
und fotografierte den größten Teil seiner Rückseite. Die Bilder
wurden Punkt für Punkt von einer elektronischen Vorrichtung an
Bord des Flugkörpers „abgetastet" und die unterschiedlichen Hel-
ligkeiten der Bildpunkte in elektrische Signale umgewandelt. Diese
gelangten durch Funk zur Erde und wurden hier ähnlich wie beim
Empfang eines Bildtelegramms wieder Punkt für Punkt zu Fotos

Fernrohraufnahme eines Teils der erdzugewandten Seite des Mondes

zusammengesetzt. Später glückten noch viele andere Aufnahmen, die schärfer sind und mehr Einzelheiten der Mondoberfläche zeigen.

So umkreisten amerikanische Sonden des Typs Lunar Orbiter 1966 und 1967 viele Male den Mond und übertrugen genaue Bilder seiner Vorder- und seiner Rückseite. Dies diente gleichzeitig zur Auswahl besonders geeigneter Plätze für die später erfolgten Landungen von Astronauten. Heute gibt es genaue Landkarten beider Mondhemisphären. Was wir auf der Erde Geographie nennen, heißt in bezug auf den Mond Selenographie, abgeleitet von dem Namen der altgriechischen Mondgöttin Selene. Die Wissenschaft vom Mond insgesamt wird als Selenologie bezeichnet.

Es zeigte sich, daß die Oberfläche der erdabgewandten Seite markante Unterschiede gegenüber der erdzugewandten aufweist. Das ist allerdings keine Besonderheit des Mondes. Wir treffen diese Asymmetrie (Ungleichheit) der Hemisphären noch bei anderen Planeten an, unsere Erde nicht ausgenommen. Sie läßt sich ja in eine überwiegend von Festland und eine hauptsächlich mit dem riesigen Pazifischen Ozean bedeckte Halbkugel gliedern. Die

15

Mondglobus, angefertigt nach Aufnahmen von Sonden, die den Mond umflogen. Das Bild zeigt die erdabgewandte Seite mit einem darübergezeichneten Netz von Längen- und von Breitengraden

Rückseite des Mondes ist viel gebirgiger und hat weit mehr Krater als die Vorderseite. Außerdem weist sie gegenüber der erdzugewandten Seite eine noch andere Besonderheit auf: bis zu 600 km lange Ketten, in denen zahlreiche kleinere Krater wie Perlen an einer Schnur aufgereiht sind. Umgekehrt fehlt eine Besonderheit der Vorderseite auf der Rückseite fast gänzlich, nämlich die großen Mare. Das sind die dunklen Flächen, die man sogar mit bloßem Auge erkennen kann.

Das Wort Mare bedeutet Meer. Es wurde beibehalten, obwohl längst bekannt ist, daß es auf dem Mond kein Wasser und folglich keine Meere gibt. Mare sind weite, verhältnismäßig flache Ebenen, Krater dagegen ringförmige Erhöhungen. Mondkrater kommen in den verschiedensten Größen bis zu mehreren hundert Kilometern Durchmesser vor. Die kleinen sind aber weit häufiger. Erst seit Gesteinsproben zur Erde gebracht wurden, weiß man, daß es Krater bis herab zu mikroskopisch winzigen Durchmessern gibt. Mit den besten Fernrohren sind von unserem Planeten aus nur Einzelheiten von wenigstens 150 m Größe auf dem Mond zu erkennen.

Das Rätsel der Mondkrater

Auch über die Entstehung der Krater brachte erst die Raumfahrt Gewißheit. Lange Zeit wurden zwei widerstreitende Meinungen vertreten. Die meisten Wissenschaftler hielten sie für Vulkankrater, wie sie auch von der Erde her bekannt sind. Heute wissen wir, daß der überwiegende Teil durch Aufschläge von Meteoriten hervorgerufen wurde. Das sind Körper, die in riesiger Anzahl den Raum des Planetensystems durchqueren. Sie haben die unterschiedlichsten Größen, angefangen von Bruchteilen eines Millimeters bis zu Durchmessern von mehreren Metern, in sehr seltenen Fällen sogar Hunderten von Metern oder gar Kilometern. Am häufigsten sind die winzigen Mikrometeoriten. Wenn solche Teilchen von einigen Millimetern oder Zentimetern Größe in hohe Schichten der Erdatmosphäre eindringen, erzeugen sie die bekannten Sternschnuppen. Dabei leuchten nicht die Meteoriten selbst, sondern die Gasteilchen, mit denen der kleine Körper entlang seiner Bahn in Berührung kommt. Das spielt sich meist zwischen 90 und 110 km Höhe ab.

Vor Jahrmilliarden schwirrten noch sehr viel mehr große Meteoriten durch den Kosmos. Inzwischen sind die meisten von ihnen auf die Planeten und ihre Monde abgestürzt. In der Jugendzeit unseres Sonnensystems war daher die Oberfläche der größeren Himmelskörper sehr wesentlich durch Meteoritentreffer mitgeprägt. Auf dem Mond und solchen Planeten, auf denen es kein Wasser, keine Atmosphäre und daher weder Regen noch Wind gibt, blieben die Einschlagskrater erhalten. Auf der Erde haben Wind und Wasser sowie andere Vorgänge, bei denen große Teile der Erdkruste verschoben und gefaltet wurden, diese „Narben" der Frühgeschichte weitestgehend beseitigt oder unkenntlich gemacht. Nur Krater verhältnismäßig jungen Ursprungs sind bis heute erhalten geblieben. Ein Beispiel dafür bildet der vor etwa 50 000 Jahren entstandene 1 260 m breite und 175 m tiefe Arizonakrater in Nordamerika.

Daß die meisten Mondkrater durch Meteoriten hervorgerufen wurden, bewies die Untersuchung der Mondbodenproben. Denn darin fanden sich Beimengungen von Meteoritenmaterial. Besonders überzeugend ist auch, daß von Raumsonden aufgenommene Fotos des Marsmondes Phobos ebenfalls eine reich mit Kratern übersäte Oberfläche zeigen. Da dieser Mond nur etwa 22 km Durchmesser hat, kann es auf ihm niemals Vulkanausbrüche gegeben haben, denn dabei tritt glutflüssiges Gesteinsmaterial aus der Tiefe hervor. Im Inneren eines derart kleinen Himmelskörpers herrschen aber keine so hohen Temperaturen, wie sie zum Schmelzen von Gestein erforderlich sind. Um einen größeren Mondkrater liegen häufig noch viele kleinere verstreut. Beim Aufschlag des Meteoriten, der den großen hervorrief, flogen nämlich große Brocken umher und erzeugten in der Umgebung weitere sogenannte Sekundärkrater (Zweitkrater). Das „Loch", welches ein Meteorit in die feste Oberfläche schlägt, ist stets größer als der Körper, der es verursacht. Das beruht auf der hohen kosmischen Geschwindigkeit, mit der er auftrifft: Sie verkörpert eine entsprechend hohe Energie.

Auf dem Erdmond gab es früher allerdings auch Vulkanausbrüche, und ein Teil der Krater dürfte auf diese Weise entstanden sein. Anzeichen eines schwachen Restvulkanismus waren, wenn auch selten, in Form von Gasausbrüchen als sogenannte Mondblinks noch in jüngster Zeit zu beobachten. Daß es in den Maren wesentlich weniger Krater gibt, ist dadurch zu erklären, daß die ursprünglich dort befindlichen Krater in späterer Zeit durch Magma (schmelzflüssiges Gestein) überflutet und eingeebnet wurden. Die Periode der häufigen Meteoriteneinschläge lag vor dieser Überflutung. Die meisten Meteoritenkrater sind über 4 Milliarden Jahre alt.

Ein wesentlicher Unterschied des Mondes gegenüber der Erde besteht darin, daß es auf ihm keine Faltengebirge gibt. Alle großen Gebirge unseres Planeten – zum Beispiel die Alpen, der Himalaya, die Rocky Mountains in Nord- und die Anden in Südamerika – sind durch Verschiebungen großer Teile der Erdkruste entstanden. Wenn wir eine Stelle des Tischtuchs festhalten und eine andere dagegen verschieben, wölbt, faltet es sich zu einer Erhöhung auf. In ähnlicher Weise entstehen Faltengebirge.

Daß der Mond keine Atmosphäre hat, war schon vor Beginn der Raumfahrt bekannt. Die Messungen der Mondsonden ergaben aber, daß er von sehr geringen Gasspuren umgeben ist. Eine Atmosphäre wie die der Erde konnte der Mond wegen seiner geringen Anziehungskraft nicht an sich binden. Sie entwich in den Weltraum. Die heute vorhandenen Gasspuren bilden nicht den Rest einer ursprünglichen Atmosphäre, sondern sie entstehen laufend von neuem und gehen ebenso ständig wieder in den Kosmos verloren.

Zur Ausbildung dieser Gashülle tragen mehrere Vorgänge bei. Einmal entweichen winzige Spuren von Gasen aus dem Mondboden, ebenso wie aus der Erdoberfläche. Ferner verdampfen bei Aufschlägen kleiner und gelegentlich auch größerer Meteoriten Substanzen des Mondbodens, werden also gasförmig. Denn Meteoriten haben Geschwindigkeiten von 20, 30 oder sogar 40 km relativ zu dem Himmelskörper, auf den sie treffen. Ein Teil dieser hohen Bewegungsenergie wird in Wärme umgewandelt. Dadurch erhitzt sich das Mondgestein so stark, daß es verdampft. Außerdem schlagen Meteoriten Staubteilchen aus dem Mondboden heraus. Wegen der geringen Anziehungskraft bleibt der Staub lange in der Schwebe. Auf dem Mond werden nämlich sämtliche Körper mit nur etwa 1/6 der Kraft angezogen wie auf der Erde. Darum haben alle Menschen und Gegenstände dort nur ein Sechstel ihres Gewichts. Schließlich tragen noch die Teilchen des Sonnenwindes zur Gashülle des Mondes bei. Denn da er so gut wie kein Magnetfeld und folglich keine Magnetosphäre hat, dringen sie ungehindert bis zur Mondoberfläche vor.

Menschen und Roboter auf dem Mond

Viele weitere Aufschlüsse brachten Raumflugkörper, die auf dem Mond komplizierte automatische Labors absetzten, sowie die Landung amerikanischer Astronauten. Markante historische Ereignisse dieses Teils der Mondforschung waren die erste Landung von Menschen, der Astronauten Neil Armstrong und Edwin Aldrin, am 20. Juli 1969 sowie das Absetzen der unbemannten sowjetischen automatischen Station Luna 16 am 20. September 1970. Ihre Rückkehrstufe brachte – wie es die Astronauten taten – Mondgesteinsproben zur Erde. Ein großer Erfolg war ferner die Landung des von der Erde aus fernsteuerbaren sowjetischen Mondfahrzeugs Lunochod 1 am 17. November 1970, dem am 16. Januar 1973 Lunochod 2 folgte.

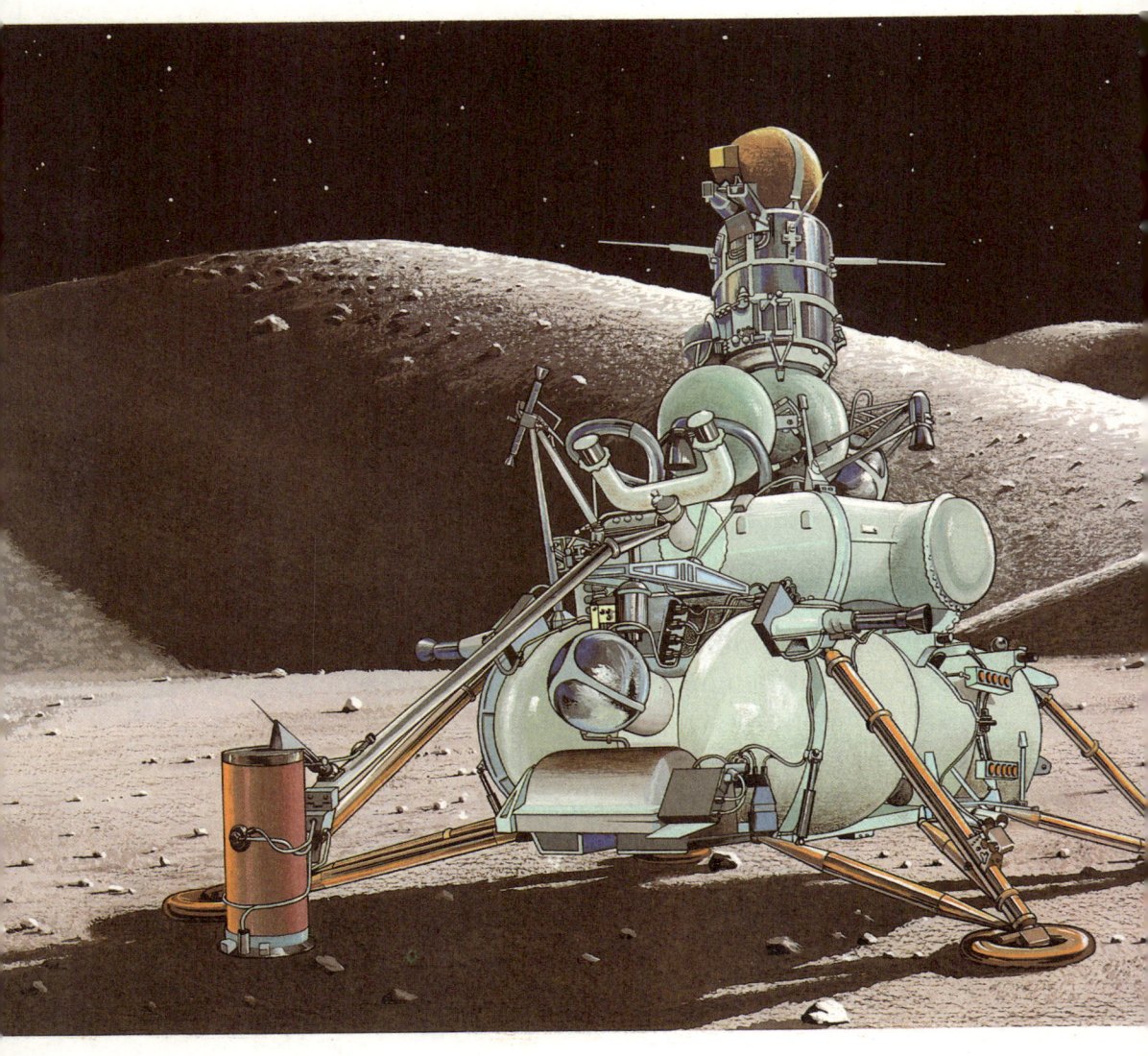

Luna 16 auf dem Mond

Greifen wir wieder nur die wichtigsten Ergebnisse dieser Untersuchungen heraus. Wie zu erwarten war, besteht der Mondboden im wesentlichen aus denselben chemischen Elementen (Grundstoffen) wie die Erdkruste. Im allgemeinen sind auch die gleichen Elemente am häufigsten, doch gibt es einige feinere Unterschiede. Wesentlich ärmer als die Erdkruste ist die des Mondes an Mineralien. Darunter versteht man – meist feste – Naturstoffe, aus denen auch die Gesteine zusammengesetzt sind. Auf unserem Planeten sind etwa zweieinhalbtausend verschiedene Mineralien bekannt, in

Lunochod 1

Rückstart der Sonde Luna 16
vom Mond zur Erde

Mondbodenproben wurden nur knapp einhundert gefunden. Gesteine, die wasserhaltige Einschlüsse oder zwar chemisch gebundenes, aber leicht abspaltbares Wasser enthalten, fehlen völlig.

Experten analysieren Mondgestein

Insgesamt wurden fast 400 kg Mondgestein zur Erde gebracht, von denen der größte Teil allerdings noch unbearbeitet in Tresoren liegt. Mit der Untersuchung waren und sind zum Teil noch heute mehrere tausend Wissenschaftler in vielen Ländern der Erde befaßt. Auch das Zentralinstitut für Physik der Erde der Akademie der Wissenschaften der DDR erhielt 20 Proben von zusammen etwas mehr als einem Gramm, die von der sowjetischen Sonde Luna 16 vom Mond geholt worden waren. Mit ihrer Analyse beschäftigten sich zeitweilig 30 Wissenschaftler in acht Forschungseinrichtungen unseres Landes.

Daß es auch in früheren Zeiten auf dem Mond kein Wasser gab, beweist ein Fund der Astronauten von Apollo 17. Sie sammelten orangefarbenes Material ein, das sich bei Vorhandensein von Wasser bereits innerhalb von 100 Millionen Jahren vollständig verändert haben müßte. Da diese Materialien aber 3,7 Millionen Jahre

Luna 17 brachte das funkferngesteuerte Fahrzeug Lunochod 1 auf den Mond. Hier fuhr es über eine Rampe auf den Mondboden

alt sind, ist der Mond seit mindestens dieser Zeit wasserlos. Das Alter von Gesteinen ist durch komplizierte Untersuchungsmethoden, die aber nur in Labors auf der Erde möglich sind, zu bestimmen. Besonders interessant waren diese Analysen auch für die Frage, wie unser kosmischer Begleiter entstand.

Wurde der Mond eingefangen?

Darüber gibt es verschiedene Auffassungen. Nach der einen formierte er sich unabhängig und getrennt von der Erde im inneren Teil des Sonnensystems und war ursprünglich ein selbständiger Planet, der erst später von der Anziehungskraft der Erde „eingefangen" und so zu ihrem Mond wurde. Nach einer zweiten Hypothese (Annahme) bildete er sich unmittelbar neben der Erde aus derselben Wolke kosmischen Materials. Drittens wurde sogar die Meinung vertreten, daß er sich von der Erde abspaltete und allmählich von ihr entfernte. Der Pazifische Ozean sei das Loch, das nach der Abtrennung zurückblieb.

Diese Ansicht galt zwar stets als fragwürdig. Inzwischen ist sie durch die Altersbestimmungen des Mondgesteins völlig widerlegt. Denn die Ozeane der Erde sind viel jünger als der Mond. Ungelöst bleibt, ob der Mond von der Erde eingefangen oder von vornherein verhältnismäßig nahe zu ihr als kleinerer Bruderplanet gebildet wurde. Daß ihn die Erde einmal eingefangen hat, ist nicht ganz auszuschließen, doch wären dafür äußerst unwahrscheinliche Bedingungen erforderlich gewesen. Der zweiten Hypothese wird deshalb der Vorzug gegeben. Es ist allerdings schwierig, zu erklären, warum die mittlere Dichte des Mondes mit $3,34\,g/cm^3$ wesentlich niedriger als die der Erde von $5,52\,g/cm^3$ ist. (Die Dichte gibt an, wieviel Gramm Materie durchschnittlich in einem Kubikzentimeter enthalten sind.)

Während die amerikanischen Astronauten nur einige Tage auf dem Mond verweilen konnten, arbeiteten die sowjetischen Luna-Sonden und Lunochod-Labors dort lange Zeit. Auch die Astronauten hinterließen „Roboter", die noch jahrelang Messungen durchführten. Dazu gehören Seismometer. Das sind Instrumente, welche die feinen Schwingungen des Bodens registrieren, die bei Beben entstehen und sich durch die ganze Erde ausbreiten. Auf diese Weise können Beben über Tausende von Kilometern bemerkt werden. Natürlich interessierte die Wissenschaftler, ob es auch auf dem Mond solche Beben gibt.

Jährlich 700 Mondbeben

Die Instrumente meldeten sogar sehr viele, im Durchschnitt 700 im Jahr. Über 90 Prozent entfielen aber auf so schwache Beben, wie sie auf der Erde überhaupt nicht festzustellen wären. Denn sie heben sich aus den dauernden feinen Vibrationen, die durch die Meeresbrandung, den Wind und technisch-industrielle Prozesse entstehen, überhaupt nicht hervor. Der Mond ist demgegenüber für den Nachweis derart feiner Schwingungen ein geradezu idealer Himmelskörper, weil es dort solche störenden Einflüsse nicht gibt.

Die schwachen Mondbeben werden hauptsächlich durch Gezeitenerscheinungen verursacht. Darunter versteht man Vorgänge, die

Diese Aufnahme fotografierten die Astronauten Charles Conrad und Alan Bean während ihres Fluges mit der Landefähre kurz vor Erreichen der Mondoberfläche. Die schmale Sichel am Himmel ist die Erde

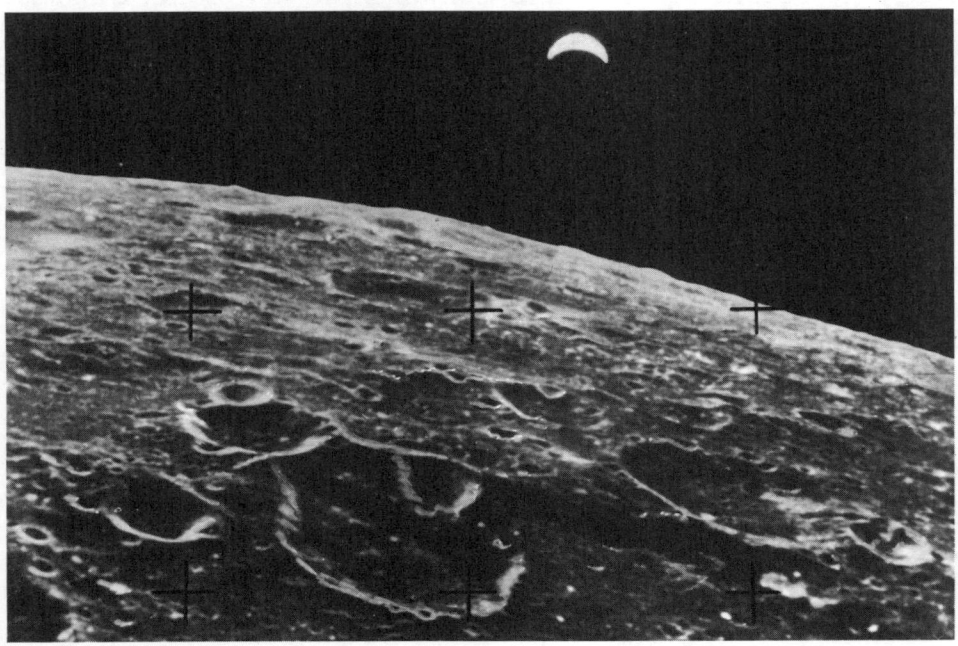

Apollo 17 brachte ein Mondauto auf den Erdtrabanten

durch die Anziehungskraft anderer benachbarter Himmelskörper, im Falle des Mondes der Erde und der Sonne, hervorgerufen werden. Auf unserem Planeten bewirken die Anziehungskräfte von Mond und Sonne Ebbe und Flut, also das abwechselnde Ansteigen und Wiederabsinken des Meeresspiegels. Die gezeitenbedingten Mondbeben treten besonders gehäuft auf, wenn der Mond auf seiner Bahn der Erde am nächsten kommt. Sein Abstand wechselt nämlich zwischen 356 410 und 406 740 km.

Weitere sehr schwache Bebenwellen sind die Folge der hohen Temperaturdifferenzen zwischen dem Mondtag und der -nacht. Am Tage herrschen um +130 °C, nachts um −160 °C. Wärme dehnt die Körper aus, und Abkühlung zieht sie wieder zusammen. Dadurch zerplatzen Gesteine, wobei schwache Bebenwellen entstehen. Stärkere werden bei Meteoriteneinschlägen hervorgerufen. So meldeten die Seismometer am 13. Mai 1972 den Aufschlag eines

Körpers, der über 1 000 kg schwer gewesen sein dürfte. Ein nicht mehr benötigter Bestandteil des Apollo-Raumschiffes wurde absichtlich auf seine Oberfläche gelenkt, wo er gewissermaßen als künstlicher Meteorit aufprallte.

Dabei zeigte sich ein interessanter Unterschied gegenüber der Erde. Nach dem Einschlag nahmen die Bodenwellen ganz allmählich zu, dauerten stundenlang an und klangen noch langsamer wieder ab. Der Mond verhält sich in dieser Beziehung ähnlich wie eine Glocke. Wird sie einmal angeschlagen, dann vibriert sie noch eine ganze Weile weiter. Die Forscher schlossen daraus, daß die obere Schicht der Mondkruste sehr ungleichmäßig beschaffen und durch das Bombardement mit Meteoriten stark zerklüftet ist.

Ein toter Himmelskörper

Durch seismische Messungen sind aber nicht nur Mondbeben festzustellen, sondern auch Aufschlüsse über den inneren Bau des Mondes zu gewinnen. Deshalb brachten die Astronauten kleine Sprengladungen zur Explosion. Die Ergebnisse bestätigten, daß die Mondkugel wie die Erde in konzentrische „Schalen" von unterschiedlicher Beschaffenheit gegliedert ist. Zum Unterschied von der Erde steigt die Dichte des Mondes mit zunehmender Tiefe aber weit weniger an als die der Erde. Unser Planet hat dagegen einen Kern, der wesentlich dichter ist, als die äußeren Schalen es sind. Der Kern des Mondes ist nicht viel dichter als dessen äußere Regionen.

Ein weiterer charakteristischer Unterschied der beiden Himmelskörper besteht darin, daß gerade solche Arten von Beben, die auf der Erde über 90 Prozent ausmachen, auf dem Mond fast überhaupt nicht vorkommen. Es sind die als „tektonisch" bezeichneten. In diesem Wort ist dieselbe Silbe wie in „Architekt" enthalten. Nach den Entwürfen eines Architekten werden Gebäude errichtet; tektonische Beben sind Begleiterscheinungen von Vorgängen, bei denen die Erdkruste gewissermaßen umgebaut wird. Denn die Erdoberfläche befindet sich in dauernder Veränderung. Das geschieht aber so langsam, daß wir es innerhalb eines Menschenalters nicht direkt bemerken.

Zeichnung des Rückstarts einer Apollo-Landefähre von der Mondoberfläche zu dem in einer Mond-Umlaufbahn kreisenden Flugkörper, von dem aus dann die Rückkehr zur Erde erfolgte

Fast alle Erdbeben sind also tektonischer Natur, eine Art Signal dafür, daß sich noch immer große Teile der Erdkruste gegeneinander verschieben. Erinnern wir uns an die schon erwähnte Auffaltung der Erdkruste zu hohen Gebirgen! Auf dem Mond gibt es keine Anzeichen solcher größeren tektonischen Prozesse. Er ist auch in dieser Hinsicht ein toter Himmelskörper, dessen Entwicklung abgeschlossen erscheint.

Daß es auf dem Mond keinerlei Lebewesen gibt, bestätigten die Sonden ebenfalls.

Die Astronauten und die weich gelandeten sowjetischen Sonden brachten Laser-Reflektoren auf den Mond, mit deren Hilfe sein Abstand von der Erde auf 15 Zentimeter genau bestimmt werden kann. Das ist bei der riesigen Entfernung von rund 400 000 km eine Präzision, von der man vor einer Generation noch nicht zu träu-

27

men wagte. Vordem ermöglichten die besten Verfahren die Entfernungsmessung mit einer Toleranz (Ungenauigkeit) von nur 300 m. Eine hohe Meßgenauigkeit ist schon deshalb interessant, weil der Mond infolge vieler störender Einflüsse eine äußerst komplizierte Bahn hat. Sie kann jetzt noch genauer vermessen werden.

Bei dem Verfahren werden Laserlichtblitze von nur 10 Milliardstelsekunden Dauer zum Mond gestrahlt. Laserlicht ist so scharf zu bündeln, daß sich der Strahl nach 400 000 km erst auf einen Durchmesser von 4 km auffächert. Die Reflektoren spiegeln das Licht so gut zurück, daß es mit Hilfe von astronomischen Fernrohren wieder zu bemerken ist. Die Zeit, die zwischen der Aussendung des Blitzes von der Erde bis zum Wiedereintreffen des zurückgespiegelten Lichts vergeht, wird mit Atomuhren auf 0,5 Milliardstelsekunden genau gemessen. Da die Ausbreitungsgeschwindigkeit des Lichts bekannt ist, kann daraus die Entfernung zum Mond errechnet werden.

Es ließe sich von noch vielen anderen interessanten Ergebnissen der Mondforschung berichten. Doch wollen wir uns auf die Reise zu einem anderen Himmelskörper begeben, von dem wir vor dem Beginn der Raumfahrt sehr viel weniger als über den Mond wußten.

Gluthölle vor der Tür der Sonne

Nicolaus Copernicus (1473–1543), Domherr und Arzt in Torún, einer der bedeutendsten Gelehrten der Geschichte, verfolgte jahrzehntelang mit großem Fleiß die Bewegungen der Planeten am Himmel. Aus der Fülle seiner Beobachtungen und Berechnungen gewann er die zunächst hart umstrittene Erkenntnis, daß sich nicht – wie vordem jahrtausendelang angenommen – die Sonne um die Erde bewegt, sondern umgekehrt die Planeten die Sonne umkreisen. Doch obwohl er sein ganzes Leben der Himmelsbeobachtung widmete, mußte er noch auf seinem Sterbebett darüber klagen, daß er nie den Merkur gesehen hatte.

Dies ist der sonnennächste Planet und gerade darum sehr schwer zu beobachten. Denn er steigt selten früher als eine Stunde vor

Schematische Darstellung des Sonnensystems mit den Planeten und ihren Umlaufbahnen. Von innen nach außen: Merkur, Venus, Erde (bläulich gezeichnet), Mars, Jupiter, Saturn, Uranus, Neptun und der auf einer stark elliptischen Bahn umlaufende Pluto

Sonnenaufgang über den Horizont und sinkt selten später als eine Stunde nach Sonnenuntergang wieder. Wenn überhaupt, dann ist er also nur während der Dämmerung am relativ hellen Himmel zu sehen. Außerdem befindet er sich stets in Horizontnähe. Daher hat sein Licht einen langen Weg durch dichte Luftschichten, die seine Abbildung selbst im Fernrohr undeutlich machen. Verständlich daher, daß die Astronomen und Planetologen den Ergebnissen der amerikanischen Sonde Mariner 10, die zum ersten Mal in die unmittelbare Nähe dieses Himmelskörpers flog, mit größter Spannung entgegensahen.

Der Abstand des Merkurs von der Sonne beträgt nur reichlich ein Drittel desjenigen der Erde. Die mittlere Entfernung zwischen Sonne und Erde dient in der Astronomie als eine der Maßeinheiten für Entfernungen. Sie wird Astronomische Einheit (Kurzzeichen: AE) genannt. 1 AE = 149 597 900 km, rund 150 Millionen km. Der mittlere Abstand des Merkurs von der Sonne beträgt 0,387 AE. Der Planet Merkur hat den gut anderthalbfachen Durchmesser des Mondes oder 38 Prozent des Erddurchmessers. Seine Masse beträgt 1/20 der unserer Erde, sie ist also rund viermal größer als die des

Mondes. Der Erde sehr ähnlich ist seine Dichte von 5,44 g/cm^3. Masse und Dichte konnten übrigens erst aus den Vorbeiflügen der Sonde befriedigend genau errechnet werden.

Der Flug von Mariner 10 war noch in anderer Hinsicht besonders interessant. Zum ersten Mal wurde dabei die Swing-by-Technik (auch Fly-by genannt) angewendet. Sie ermöglicht es, daß der Flugkörper nacheinander in die Nähe mehrerer Planeten gelangen kann. Die Bahn zum ersten Ziel ist so berechnet, daß dessen Anziehungskraft Richtung und Geschwindigkeit der Sonde so verändert, daß die weitere Bahn zu dem nächsten Planeten führt. Mariner 10 begegnete zunächst der Venus und wurde dann durch diese zum Merkur umgelenkt. An ihm flog sie dreimal vorüber: Ende März 1974 in 730 km, am 21. September in 47 913 km und am 16. März 1975 in nur 319 km Abstand.

Zwei Fernsehkameras zeichneten dabei etwa 2 500 Bilder auf. Sie erfaßten rund die Hälfte der Merkuroberfläche. Auf den besten Aufnahmen sind noch Objekte zwischen 200 und 100 m zu erkennen, durch Fernrohrbeobachtungen von der Erde dagegen nur Einzelheiten von wenigstens 150 bis 250 km Größe.

Dem Mond zum Verwechseln ähnlich

Als die Wissenschaftler die Fotos betrachteten, waren sie verblüfft. Man könnte die Bilder mit Mondaufnahmen verwechseln. So groß ist die äußere Ähnlichkeit der beiden Himmelskörper. Wie der Mond ist der Merkur mit Kratern übersät. Die größten erreichen Durchmesser von über 1 000 km. Einige sind mit Lava überflutet, also mit einem Material, das einst in schmelzflüssigem Zustand aus der Tiefe hervordrang und an der Oberfläche erstarrte. Demnach gab es früher auf dem Merkur eine stärkere Vulkantätigkeit. Die Mehrzahl der Krater dürfte allerdings ebenso wie auf dem Mond durch Meteoriteneinschläge entstanden sein. Das war für die Forscher eine kleine Überraschung. Bis dahin neigten sie zu der Annahme, daß Meteoriten nicht in so großer Anzahl bis in die unmittelbare Nähe der Sonne gelangen würden.

Bei der genaueren Betrachtung zeigten sich aber auch einige Besonderheiten, die nur dem Merkur eigen sind. Dazu gehören zum

Oberfläche des Merkurs aus 55 000 km Entfernung aufgenommen von Mariner 10

Beispiel mehrere hundert Kilometer lange Steilhänge bis zu 3 000 m Höhe. Eine „Sehenswürdigkeit" der Merkurlandschaft ist das Caloris-Becken. Dort befinden sich in einem Gebiet von etwa 1 300 km Durchmesser zahlreiche große und kleine ringförmige Krater mit scharf begrenzten Rändern. Den Wällen mancher Krater sind nochmals kleinere Einschlagtrichter aufgesetzt. Andere Wälle sind abgeflacht, einige kaum noch erkennbar.

Auch beim Merkur ist eine Ungleichheit der Hemisphären festzustellen. Im allgemeinen sind die Krater flacher als gleich große auf dem Mond.

Darin zeigt sich die stärkere Anziehungskraft des Merkurs, die etwa 2 1/2mal größer als die des Mondes ist, aber nur rund 2/5 der unserer Erde beträgt. Dadurch wurde ein größerer Teil der beim Meteoriteneinschlag aufgeworfenen Massen wieder in Richtung Boden zurückgezogen. Eine entsprechende Wirkung zeigt sich auch bei den Sekundärkratern. Sie befinden sich näher zum Hauptkrater als auf dem Mond. Denn je stärker die Anziehungskraft, desto weniger weit fliegt ein Körper, der mit einer bestimmten Kraft in Bewegung gesetzt wurde. Auf dem Mond könnte man also mit gleicher Kraft sechsmal weiter oder höher springen als auf der Erde, auf dem Merkur nur zweieinhalbmal.

Auch die Anziehungskraft des Merkurs reichte nicht aus, um eine dichte Gashülle zu binden. Ähnlich wie der Mond hat dieser Planet ebenfalls nur winzige Spuren einer Atmosphäre. Ihre Dichte in Bodennähe wird auf etwa zwei Billionstel der Luftdichte am Erdboden geschätzt. (Ein Billionstel ist der millionste Teil eines Millionstels.) Überrascht waren die Wissenschaftler, daß der Merkur ein schwaches Magnetfeld und eine gleichfalls schwach ausgeprägte Magnetosphäre hat. Eine Art der eingefangenen Sonnenwindteilchen sendet Licht aus. Befänden wir uns auf der Nachtseite des Planeten, würden wir daher ein geringes Leuchten des Himmels beobachten können.

Der innere Aufbau des Merkurs scheint schalenförmig zu sein. Unter einer Kruste aus Silikatgesteinen, die der des Mondes ähnlich ist, liegt vermutlich ein Eisenkern, der etwa 60 Prozent der Masse des Planeten ausmacht.

Auch unsere Erde hat einen Eisenkern, doch entfallen auf ihn nur 16 Prozent ihrer Gesamtmasse. Silikate sind Salze der Kieselsäuren. Ihren Namen haben sie nach dem chemischen Element Silizium, das in ihnen enthalten ist. Es bildet den zweithäufigsten Grundstoff der Erdrinde.

Die Langsamen werden heiß

Als Reiseziel künftiger Raumfahrer wäre der Merkur allerdings noch unwirtlicher als der Mond. Auf seiner Tagseite ist der Boden 300 bis 350 °C heiß. Dies ist nicht allein durch die nahe Sonne bedingt, sondern auch durch die langsame Rotation. Er dreht sich erst in 59 Erdentagen einmal um sich selbst. Dies ist beim Merkur aber nicht gleichbedeutend mit der Tageslänge. Infolge seines schnellen Umlaufs um die Sonne ist jeder Punkt seiner Oberfläche 88 Erdentage ununterbrochen der Sonnenstrahlung ausgesetzt. Dadurch wird der Boden stärker aufgeheizt als ein Backofen. Umgekehrt verliert die sonnenabgewandte Seite infolge der langen Nacht durch Ausstrahlung von Wärme in den Weltraum so viel Temperatur, daß es bis zu −170 °C kalt wird. Jeder Körper, der wärmer als der absolute Nullpunkt von −273,15 °C ist, gibt Wärme in Form von Strahlung an seine Umgebung ab.

Wir sehen, welchen großen Einfluß die Umdrehungszeit auf das Klima eines Planeten hat. Bei langsamer Rotation bilden sich enorme Unterschiede zwischen der Tag- und der Nachttemperatur aus. Ein weiterer entscheidender Faktor ist das Vorhandensein oder Fehlen einer Atmosphäre. Auch sie wirkt temperaturausgleichend. So wird ein großer Teil der Wärmeausstrahlung der Erdoberfläche von der Lufthülle wieder aufgenommen und zum Boden zurückgestrahlt, besonders wenn eine Wolkendecke vorhanden ist.

Da der Merkur der sonnennächste Planet ist, sollte man denken, daß auf ihm die höchsten Tagestemperaturen herrschen, die in unserem Planetensystem vorkommen. Doch das trifft nicht zu. Warum − das werden wir erfahren, wenn wir uns nun mit den Ergebnissen beschäftigen, welche die Roboter registrierten, die zu dem der Sonne zweitnächsten Planeten Venus entsandt wurden.

Besuch auf der „zweiten Erde"

In Größe und Masse ist die Venus unserem Planeten verblüffend ähnlich. Ihr Durchmesser beträgt 12 112 km; er ist also nur etwa 600 km kleiner als der der Erde. Und ihre Masse ist um 18,5 Prozent geringer. Der mittlere Abstand der Venus von der Sonne beträgt 0,723 AE, er entspricht also etwa drei Vierteln der Entfernung Sonne − Erde. Ihre erdähnlichen Daten verleiteten in früheren Jahrhunderten die Phantasie vieler Menschen dazu, auf der Venus den irdischen verwandte Lebewesen zu vermuten.

Da es wegen der größeren Sonnennähe dort wesentlich wärmer sein muß, hielt man es für möglich, auf dem Planeten wie in einem natürlichen Museum Zustände anzutreffen, wie sie vor vielen Millionen Jahren auf der Erde herrschten, als hier das Klima wärmer und der Pflanzenwuchs viel üppiger war. Vielleicht konnte man dort noch riesigen Dinosauriern und anderen Tieren begegnen, die bei uns längst ausgestorben sind. Der schwedische Naturforscher und Philosoph Emanuel Swedenborg (1688−1772) glaubte sogar zu wissen, daß es auf der Venus Menschen gäbe, die so groß sind, daß wir ihnen nur bis zum Nabel reichen. Die auf der der Erde zugewandten Halbkugel Wohnenden sollten wild und fast tierisch sein, die auf der erdabgewandten sanft und mild.

Der undurchdringliche Schleier

Wenn man solchen Phantastereien auch längst keinen Glauben mehr schenkte, so war und ist es doch ganz besonders bedauerlich, daß wir ausgerechnet von dieser „zweiten Erde" selbst mit den besten Fernrohren niemals ein Stückchen ihrer Oberfläche erblicken können. Die Venus ist nämlich ständig von einer undurchsichtigen

Vier Fotos der Venus, in größeren Zeitabständen aus einer Umlaufbahn aufgenommen. Die Wolkenformationen wandern in jeweils etwa vier Tagen einmal um den Planeten

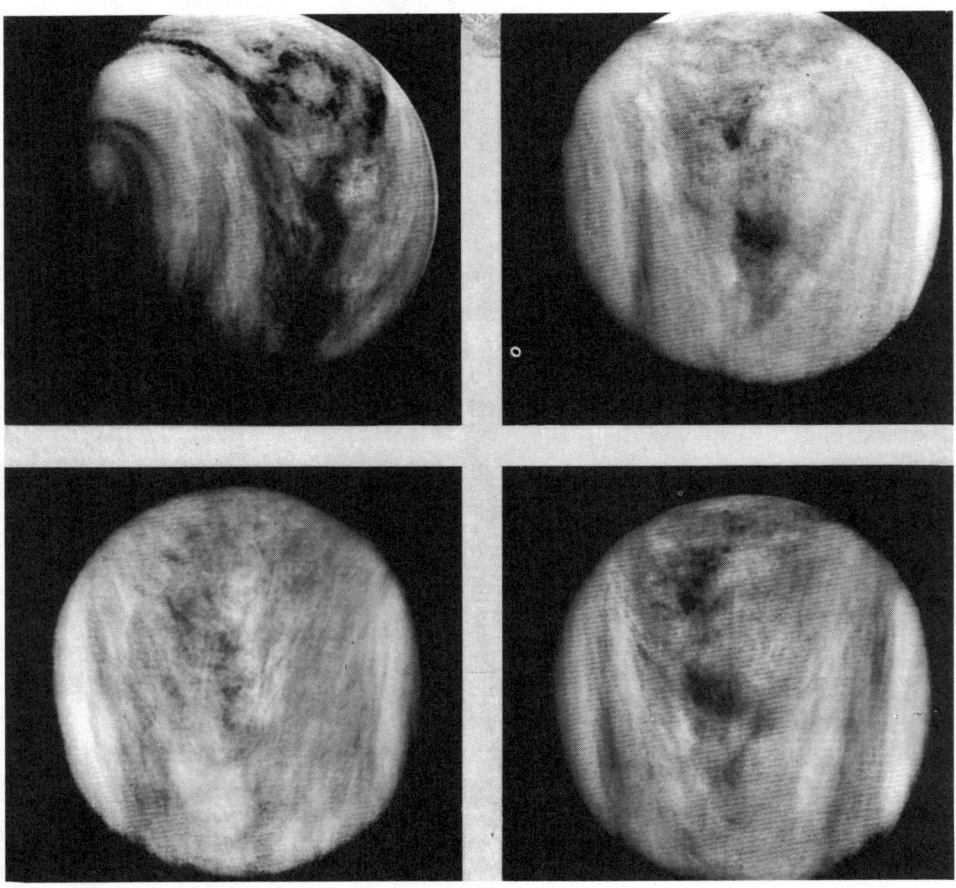

Wolkenhülle umgeben, die an keiner Stelle eine Lücke hat. Sie wirft das Sonnenlicht besonders gut zurück. Das ist in Verbindung mit der großen Nähe zu unserem Zentralgestirn der Grund, warum der Planet nach Sonne und Mond den hellsten Himmelskörper überhaupt darstellt. Seine glitzernde Pracht fällt sogar in der Morgen- und Abenddämmerung auf, wenn der Himmel ziemlich hell ist. Daher wird die Venus auch als der Morgen- und der Abendstern bezeichnet. Durch das Fernrohr ist sie manchmal auch am Tage zu sehen, wenn man ihre Position kennt.

Tiefsee-Tauchkugeln erforderlich

Um so gespannter waren die Forscher, was die Roboter melden würden, die erstmals den undurchdringlichen Schleier lüfteten. Es war eine Sternstunde der Wissenschaft, als in den Oktobertagen 1975 die ersten Bilder von der Oberfläche des geheimnisvollen Planeten im sowjetischen Zentrum für kosmische Fernverbindungen aus Funksignalen zusammengesetzt wurden. Bevor es dazu kam, gab es allerdings einige Pannen. Die Konstrukteure der komplizierten Landeapparate hatten zwar mit ungewöhnlichen, von irdischen Verhältnissen völlig abweichenden Bedingungen gerechnet, doch die Wirklichkeit übertraf ihre schlimmsten Erwartungen. Die Sonde Venus 4, die am 18. Oktober 1967 auf die Venus niederging, war für einen Druck der Atmosphäre von 7 100 Hektopascal (Kurzzeichen: hPa) ausgelegt. Das ist das 7,1fache des irdischen Luftdrucks in Höhe des Meeresspiegels. Der Druck in der Gashülle der Venus erwies sich jedoch als so viel größer, daß er die Sonde schon 23 km über dem Boden zerquetschte. Die daraufhin stabiler gebauten Sonden Venus 5 und 6 drangen zwar etwas tiefer ein, wurden aber in 17 km Höhe ebenfalls zerdrückt.

Der „Schleier" unserer planetarischen Nachbarin schien also nicht nur für Blicke von der Erde aus, sondern auch für die Meßgeräte von Sonden undurchdringlich zu sein. Es mußten erst Roboter konstruiert werden, die in gewisser Hinsicht den Tiefsee-Tauchkugeln ähnelten. Diese müssen nämlich einem gewaltigen Wasserdruck standhalten, wie er in 1 000 und mehr Metern Tiefe herrscht, weil das Gewicht der kilometerhohen darüberliegenden Wasser-

Venus 5

schicht dort auf ihnen lastet. Venus 7 und 8 wurden deshalb für
einen Druck von 117000 beziehungsweise 116000 hPa vorgesehen.
So erreichten sie tatsächlich die Oberfläche des geheimnisumwit-
terten Planeten. Venus 8 meldete einen Druck von 91000 hPa. Das
entspricht dem Wasserdruck in 910 m Tiefe irdischer Ozeane! Und
dies, obwohl es kein Wasser ist, das auf den Venusboden drückt,
sondern lediglich das Gewicht von Gasen!

Eine erste Vorbedingung für die Landung von Menschen auf
dem Planeten Venus wäre also, daß sie sich ständig in einer Art
Tiefsee-Tauchkugel aufhalten. Sie könnten diese keinen Augen-
blick verlassen, sondern nur durch ein Bullauge hinausschauen.

Eine Welt ohne Sonnenschein

Wie ist es zu erklären, daß Gase einen so gewaltigen Druck aus-
üben? Die Venus ist mit einer sehr viel größeren Gasmasse umgeben als die Erde. Deshalb wiegt ihre Atmosphäre wesentlich mehr
und drückt folglich mit einem größeren Gewicht auf die Venus-

36

oberfläche und alle auf ihr befindlichen Körper. Dichte Gasschichten reichen über der Venus viel höher als über unseren Planeten. Noch in 30 km Höhe ermittelten die Sonden einen etwa 11mal größeren Gasdruck als auf der Erde über dem Meeresspiegel. In gleicher Höhe über dem Erdboden ist der Druck der Atmosphäre schon nahe Null.

Die Gashülle der Venus ist völlig anders zusammengesetzt als die irdische. Sie besteht zu etwa 95 bis 97 Prozent aus Kohlendioxid (chemische Formel: CO_2). Dies ist jenes Gas, das im Selterswasser und in Limonaden in Form kleiner Bläschen emporperlt. In der Erdatmosphäre sind von ihm nur Spuren enthalten, nämlich 0,032 Prozent. Stickstoff, der 78 Prozent der irdischen Lufthülle ausmacht, ist in der Venusatmosphäre mit nur einigen wenigen Prozenten vertreten. Wasserdampf enthält sie lediglich 0,0001 Prozent. In der Erdatmosphäre wechselt sein Anteil zwischen 1 und 4 Prozent. Für die Untersuchung der Gashülle unseres Nachbarplaneten entwickelte die Akademie der Wissenschaften der DDR in Zusammenarbeit mit sowjetischen Instituten wichtige Meßinstrumente.

Die Wolken in der Venusatmosphäre beginnen nicht wie auf der Erde schon in einigen tausend Metern Höhe oder darunter, sondern erst ab 49 bis 50 km, und sie reichen bis in ungefähr 75 km Höhe. Überraschend ist, daß sie weit weniger dicht als irdische Wolken sind. Sie bilden nur einen zarten Dunstschleier, durch den man bis zu 3 km weit sehen kann. Aber weil sie eine rund 25 km dicke Schicht darstellen, lassen sie trotzdem keinen Blick zur Oberfläche des Planeten gelangen. Obwohl die Venus der Sonne näher ist als die Erde, wird es auf ihr am Mittag nur so hell wie an einem Julitag in mittleren geographischen Breiten unseres Planeten. Nie ist von der Venusoberfläche aus die Sonne zu sehen.

In der Wolkenregion bläst unaufhörlich eine Art Orkan. Die Windgeschwindigkeit beträgt durchschnittlich 100 m/s, das entspricht 360 km/h. Bestimmte Arten von Wolken bewegen sich derart schnell, daß sie in nur vier Tagen einmal um den Planeten wandern. Zum Boden hin nimmt die Windgeschwindigkeit ab und beträgt dort höchstens 1 m/s. Infolge der großen Dichte des Gases hat der Wind aber trotz der geringen Geschwindigkeit eine große Gewalt. Es wurde errechnet, daß er bei der hohen Dichte bereits bei nur 5 m/s in Bodennähe die Wucht zerstörerischer irdischer Orkane hätte. In der Wolkenschicht registrierten die Sonden Venus 11, 12 und Pioneer-Venus Anzeichen gigantischer Gewitter, die sich über Hunderte von Kilometern erstreckten. Dabei wurden innerhalb einer Sekunde Dutzende Blitze gezählt.

Wie ein Sprung in die Bratpfanne

Ein Raumschiff mit der Druckfestigkeit einer Tiefsee-Tauchkugel erwähnten wir als erste Vorbedingung für die Landung von Menschen auf der Venus. Außerdem müßte diese Landekapsel sehr gut wärmeisoliert sein. Denn obwohl die Venus der Sonne ferner als der Merkur ist, herrschen an ihrer Oberfläche noch höhere Temperaturen als auf ihm. Venus 8 meldete 477 °C. Die elektronischen Geräte der Venus-Landeapparate hielten diese höllische Hitze nicht lange aus, sondern blieben nur kurze Zeit dagegen geschützt. Deshalb erhielten wir von den dort abgesetzten Sonden nicht wie von denen auf dem Mond monate- und jahrelang Meßdaten zugefunkt. Mehr als eine Stippvisite ist also selbst Robotern auf diesem Planeten nicht möglich. Das Klima der Venus verwandelt sie im Nu in Schrott.

Daß es dort noch heißer als auf dem Merkur ist, beruht auf dem hohen CO_2-Gehalt der Atmosphäre. Dieses Gas wirkt wie eine „Wärmefalle". Es absorbiert, „verschluckt" Wärmestrahlen in besonders hohem Maße. Dadurch kommt es in einem CO_2reichen Gasgemisch wie unter dem Glasdach eines Treibhauses zu einem Wärmestau. Man spricht deshalb vom Treibhauseffekt. Schon die 0,032 Prozent CO_2 der Erdatmosphäre beeinflussen das Klima. Würde sich der Gehalt auf nur 1 Prozent erhöhen, dann käme es nach wissenschaftlichen Berechnungen zu einer merklichen Erwärmung der Erde.

Entscheidend wichtig für die Temperaturverhältnisse ist also nicht nur, ob eine Atmosphäre vorhanden ist oder nicht, sondern auch, welche Zusammensetzung sie hat! 30 km über dem Venusboden ist es noch 235 °C heiß, in gleicher Höhe über der Erdoberfläche dagegen eisig kalt.

Was für ein Panorama bot sich den Fernsehkameras von Ve-

Fallschirmlandung einer Venus-Sonde

nus 9, die am Osthang eines Gebirgsmassivs gelandet war? Die von der Sonde zur Erde übermittelten Bilder zeigten viele zu Haufen gruppierte Steine. Die Aufnahmen erinnerten an eine Landschaft am Fuße zerfallender Felsen. Doch waren keine Felsen zu erkennen. Venus 10 ging auf einer Hochfläche nieder. Dort lagen Felsplatten über das ganze Bildfeld verteilt. Insgesamt war das Gelände verhältnismäßig eben.

Radar-Augen blickten durch den Schleier

Natürlich wollten die Wissenschaftler auch wissen, wie das Landschaftsrelief der Venus beschaffen ist. Und sie fanden eine Möglichkeit, durch die Wolkendecke zu „blicken". Die Satelliten Venus 15 und 16 sandten während ihrer Umläufe Radarstrahlen zur Oberfläche aus. Das sind elektromagnetische Wellen wie die für den Rundfunk und das Fernsehen benutzten, jedoch von noch kürzerer Wellenlänge. Sie durchdringen die Wolkenhülle und werden wie ein Echo von der festen Oberfläche zurückgeworfen. Radarwellen breiten sich mit der gleichen Geschwindigkeit aus wie das Licht. Anhand der Laufzeit der Radarimpulse vom Satelliten zum Boden und zurück ist der jeweilige Abstand zu errechnen. Dadurch sind die wechselnden Höhenlagen des Bodens festzustellen.

So wissen wir heute, daß es auf unserem Nachbarplaneten große Krater, Gebirge, ausgedehnte Ebenen und tiefe Senken gibt. 8 Prozent der Oberfläche sind gebirgig, 27 Prozent weisen Niederungen auf. Den Rest bedecken mittelhohe hügelige Ebenen. Wie auf der Erde gibt es erloschene Vulkane, beispielsweise einen schildförmigen von etwa 800 km Durchmesser. Nach Ergebnissen der Sonden Venus 15 und 16 sowie von Pioneer-Venus gibt es auf dem Planeten wahrscheinlich auch heute noch tätige Vulkane. Einige Berge überragen ihre Umgebung um 4 000 bis 5 000 m. Senken liegen

Bild der Venusoberfläche, gezeichnet nach Radarmessungen aus einer Umlaufbahn um den Planeten

Schematische Darstellung der Radar-Erkundung der Venusoberfläche. Die von dem Parabolspiegel-Reflektor der Antenne ausgehenden und zu ihm zurückgeworfenen Radarwellen durchdringen die Wolkenhülle. Das ist zeichnerisch durch das in die Wolken geschnittene Loch angedeutet

2 000 m unter dem durchschnittlichen Niveau. Schon früher wurde der Planet von der Erde aus mit Radarstrahlen „abgetastet". Doch konnten feinere Einzelheiten des Oberflächenreliefs erst durch die Radarmessungen der Venus-Satelliten gewonnen werden. Mit Hilfe der sowjetischen Sonden Venus 13 und 14 wurde das Oberflächengestein der Venus erstmals direkt untersucht.

Verdorrte Schwester der Erde

Wie kam es dazu, daß sich auf der Venus, die nach ihrer Größe und Masse so erdähnlich ist, völlig unirdische Verhältnisse heraus-

Venusboden, aufgenommen von der Sonde Venus 14. Das Bild zeigt auch einen Teil des Geräts, das automatisch Bodenproben entnimmt

bildeten? Die ursprünglichen Bedingungen dürften auf beiden Planeten nicht sonderlich verschieden gewesen sein. Doch nahm die weitere Entwicklung auf der Venus eine andere Richtung. Gemeinsam ist beiden Himmelskörpern, daß in ihrer Frühzeit eine sehr viel stärkere Vulkantätigkeit herrschte als heute. Dabei wurden neben anderen Gasen vor allem riesige Mengen Wasserdampf und CO_2 ausgestoßen.

Da die Venus jedoch der Sonne näher ist und die Treibhauswirkung des CO_2 hinzukam, wurde es so heiß, daß sich der Wasserdampf nicht – wie auf der Erde – zu flüssigem Wasser niederschlagen und Ozeane bilden konnte. Vielmehr gelangte er schnell in große Höhen. Dort wurde er durch die unsichtbare, sehr energiereiche Ultraviolettstrahlung der Sonne in Wasserstoff und Sauerstoff zerlegt. Denn Wasser ist eine Verbindung dieser beiden chemischen Elemente. Da Wasserstoffatome äußerst leicht sind, entwichen sie in den Weltraum. Der schwere Sauerstoff ging mit anderen vulkanischen Gasen Verbindungen ein und beim Herabsinken auch mit Mineralien der Oberfläche. Dadurch wurde er vollständig verbraucht. Es blieb kein freier, nicht in andere Verbindungen eingebauter Sauerstoff übrig.

Wenn es keine Pflanzen gibt

In der Ur-Atmosphäre der Erde war anfangs auch viel CO_2 enthalten. Aber da es nicht so heiß war und sich daher der Wasserdampf zu flüssigem Wasser niederschlagen konnte, löste sich das CO_2 darin. Unsere Meere und Ozeane enthalten heute 55mal mehr CO_2 als die Luft. Weitere riesige Mengen sind in chemischen Verbindungen der Gesteine enthalten. Seit sich das Leben auf der Erde entwickelte, verbrauchen die Pflanzen ständig CO_2 und scheiden Sauerstoff aus. Bei Mensch und Tier ist es umgekehrt: Sie atmen Sauerstoff ein und CO_2 aus. Die irdische Ur-Atmosphäre enthielt fast keinen Sauerstoff. Ihr heutiger Gehalt von 21 Prozent an diesem Gas ist erst durch die Lebenstätigkeit der Pflanzen entstanden. Dadurch wurde der für uns lebenswichtige Sauerstoff im Laufe unvorstellbar langer Zeiten allmählich angereichert. So führte die Entstehung pflanzlichen Lebens, das seinerseits Wasser zur Voraussetzung hatte, zu einer völlig anderen Entwicklungsrichtung.

Doch kann uns die Venus zur Warnung dienen. Durch die technischen Verbrennungsprozesse ist der CO_2-Gehalt der Erdatmosphäre in den jüngsten einhundert Jahren laufend gestiegen. Eine zu große weitere Vermehrung könnte den Treibhauseffekt so verstärken, daß sich unser Klima erwärmt. Wir dürfen aber nicht denken, je wärmer es auf der Erde sei, um so besser. Für uns, die wir in einer gemäßigten Klimazone wohnen, mag es noch angenehm sein, wenn wir im Winter nicht zu heizen brauchten. Die Kehrseite wäre jedoch eine zu große Trockenheit der Sommer und in deren Gefolge schlechte Ernten. In den Gebieten, die näher zum Äquator liegen, würde eine allgemeine Erwärmung des Erdklimas die unfruchtbar trockenen Regionen in einem verheerenden Ausmaß vergrößern und dadurch ungezählten Menschen die Ernährungsgrundlage entziehen.

Der kalte Planet

1877 sah der italienische Astronom Giovanni Virginio Schiaparelli im Fernrohr auf der Marsoberfläche ein System dunkler Linien. Er bezeichnete sie als canali. Dieses Wort hat in seiner Landessprache zwar mehr die Bedeutung von Rinne als von Kanal, doch gab es viele Leute, deren Phantasie die Erscheinung sogleich als Bewässerungskanäle deutete. Sie erblickten in ihnen endlich ein Zeichen dafür, daß es außer auf der Erde auch auf dem Mars denkende Wesen gibt.

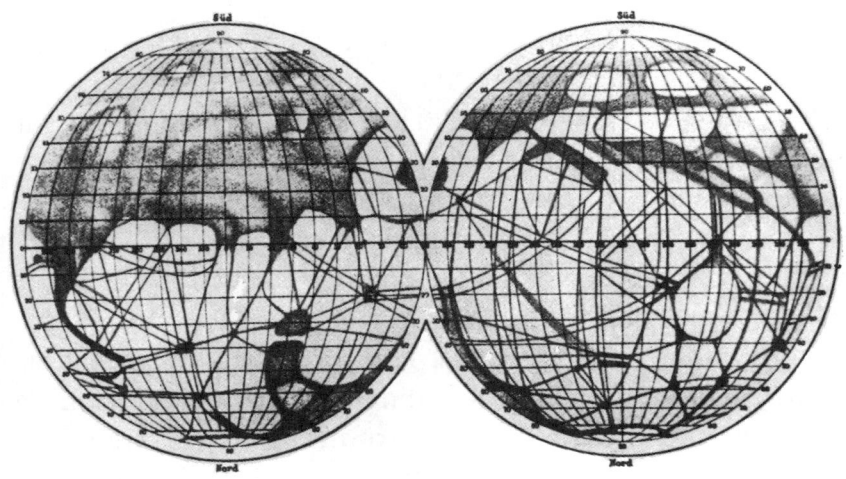

Dieses nach Fernrohrbeobachtungen von der Erde aus gezeichnete Netz von „Kanälen" auf dem Mars erwies sich als optische Täuschung

Romanschriftsteller bemächtigten sich des Themas und malten die sonderbaren Eigenschaften der Marsbewohner aus. Da der Planet nur rund ein Zehntel der Masse der Erde hat und die Anziehungskraft an seiner Oberfläche lediglich ein Drittel der am Erdboden beträgt, sollten die Marsbewohner riesenhaft und sehr viel intelligenter als wir Erdenmenschen sein. Andere Autoren sprachen ihnen ein tintenfischähnliches Aussehen zu: ein riesiger Kopf wurde ohne Rumpf von zahlreichen fangarmartigen Gebilden getragen. Schließlich schlug man sogar vor, in einem weiten Steppengebiet viele Millionen Pflanzen mit Blüten intensiver Farbe so anzubauen, daß sie eine geometrische Figur bilden. Diese sollte so auffällig sein, daß die Marsbewohner sie mit ihren Fernrohren erkennen mußten und so ein Zeichen der Existenz von Erdenmenschen erhielten. Es fand sich aber keine Regierung, die dieses teure und nutzlose Experiment bezahlen wollte.

Als die sowjetischen und amerikanischen Planetensonden zum Mars flogen, waren die „Kanäle" bereits seit langem als optische Täuschung erkannt. Sie hatten sich niemals auf Fotos gezeigt, die mit Fernrohren aufgenommen worden waren. Auch bei späteren Beobachtungen blieben sie unsichtbar. Aber der Mars war der einzige Planet unseres Sonnensystems, für den auch bei streng wissenschaftlicher Betrachtung das Vorhandensein einfachster Formen des Lebens, etwa flechten- oder moosartige Pflanzen, möglich

Antennen des sowjetischen Zentrums für kosmische Fernverbindungen. Von hier aus wurde der Funkkontakt mit den automatischen interplanetaren Sonden und den von ihnen abgesetzten Landegeräten aufrecht erhalten schien. Denn an seinen Polen sind weiße Kappen zu sehen. Bestehen sie aus Eis? Gibt es also dort Wasser? Sind gewisse jahreszeitlich auftretende Farbänderungen von Teilen der Oberfläche nicht Anzeichen von Pflanzenwuchs?

Daß es auf dem Mars, der im Mittel mit 1,524 AE etwa anderthalbmal weiter von der Sonne entfernt ist als die Erde, während der meisten Zeit sehr kalt sein muß, war bekannt. Aber es gibt auch auf der Erde Pflanzen, die bei sehr niedrigen Temperaturen gedeihen. – Der Äquatordurchmesser des Mars ist mit 6 787 km übrigens etwa halb so groß wie der unserer Erde.

Staubsturm mit 400 km/h

Auch beim Mars gab es also genug offene Fragen. Die Wissenschaftler setzten daher große Hoffnungen auf Planetensonden. Am 1. November 1962 startete die sowjetische Sonde Mars 1. Da der Mars nicht wie die Venus von einer dicken Wolkenschicht eingehüllt ist, sondern eine nur dünne Atmosphäre hat, konnte seine Oberfläche aus nächster Nähe fotografiert werden. Als erster fremder Planet erhielt er im Jahre 1971 einen künstlichen Satelliten: Mariner 9. Seine Fernsehkameras ermöglichten Aufnahmen, in denen Objekte bis herab zu etwa 100 m Durchmesser zu erkennen sind. Doch gab es zunächst eine schwere Enttäuschung. Ende September 1971 trübte sich die Marsatmosphäre und gestattete keinen deutlichen Durchblick. Wahrscheinlich tobte ein Staubsturm, bei dem riesige Mengen feinster Teilchen von nur 3 bis 5 Tausendstelmillimeter Durchmesser mit Geschwindigkeiten von 300 bis 400 km/h über den Planeten fegten. Er dauerte bis Anfang 1972. Dann klarte es auf, und die Kameras übertrugen Bilder von ausgezeichneter Schärfe. Aus ihnen und später erfolgten Aufnahmen konnte inzwischen auch vom Mars eine Landkarte zusammengestellt werden.

Nach der Erkundung von Mond und Merkur wunderte sich niemand mehr, daß es auch auf dem Mars mit Meteoritenkratern übersäte Flächen gibt. Doch stellt dieser Planet kein einfaches Ebenbild des Mondes oder des Merkurs und auch nicht der Erde dar, sondern hat seine Besonderheiten. Die Oberfläche ist in weit

Mars 3. Die Meßgeräte-
kapsel befindet sich unter
dem kegelförmigen Schild
(im Bild oben), mit dem
die Sonde in die Marsat-
mosphäre eintaucht. Links
sieht man den Parabol-Re-
flektor der Antenne

höherem Maße durch Vulkanausbrüche geprägt, die sich noch während der jüngsten 100 bis 200 Millionen Jahre ereignet haben müssen. Auf diesen Flächen gibt es nur wenige Krater. Davon dürfen
wir uns aber nicht täuschen lassen. Vor weit längerer Zeit sind hier
sicher ebenso viele Meteoriten eingeschlagen. Doch infolge der
Vulkantätigkeit wurden sie mit Lava überflutet und eingeebnet.

Doch gibt es auch hierbei eine Besonderheit: Die Marskrater
bleiben nicht jahrmilliardenlang fast unverändert erhalten. Staub-
stürme formen und verändern ständig das Aussehen des Planeten.
Kleinere Krater sind, weil sie am ehesten zugeweht werden, selte-
ner anzutreffen als auf dem Mond und dem Merkur. Möglicherweise gab es früher auf dem Mars auch Wasser in größeren Mengen. Man vermutet, daß es inzwischen in den oberen Bodenschich-
ten, die ewig gefroren blieben, als Eis festliegt.

Schema des Abstiegs der Landekapsel von Mars 3. Mit dem kegelförmigen Schutzschild voran dringt die Kapsel in die Gashülle des Planeten ein. Nach dem Abschleudern des Schilds entfaltet sich ein Fallschirm, der die Geschwindigkeit weiter bremst. Da die Marsatmosphäre jedoch nicht dicht genug ist, um ein starkes Abbremsen zu erreichen, wird nach dem Ablösen des Fallschirms ein Bremstriebwerk eingeschaltet. Es vermindert die Fallgeschwindigkeit so, daß die Kapsel weich auf der Marsoberfläche landet

Die weißen Polkappen bestehen aber nicht nur aus Wasser in Form von Reif, sondern auch aus gefrorenem CO_2. Wie bei der Venus bildet dieses Gas mit etwa 97 Prozent den Hauptbestandteil der Marsatmosphäre. Doch ist sie nicht dicht und schwer, sondern äußerst dünn. Ihr Druck beträgt nur etwa 3 bis 8 hPa. Das entspricht rund 1/125 bis 1/350 des Luftdrucks in Erdbodennähe. Wie kann es dann aber trotzdem zu so starken Stürmen kommen, bei denen riesige Massen feinsten Staubs aufgewirbelt werden?

Da die Umdrehungsachse des Mars eine ähnliche Neigung gegen die Ebene seiner Umlaufbahn um die Sonne hat wie die Erde, gibt es auf ihm ebenfalls Jahreszeiten mit regelmäßigem Wechsel der

Temperaturverhältnisse. Wenn in den Marswintern große Mengen CO_2 an den Polen gefrieren, werden sie der Atmosphäre entzogen. Dadurch strömt von der anderen – nördlichen oder südlichen – Halbkugel, auf der gerade Sommer herrscht, das Gas in die winterliche Hemisphäre nach. So gerät ein großer Teil der Atmosphäre in Bewegung. Daß dabei riesige Staubmengen mitbefördert werden, ist aus dem Vorhandensein ausgedehnter Dünenfelder zu schließen. Häufig haben sie sich im Windschatten größerer Krater oder im Kraterinneren abgelagert.

Insgesamt ist der Mars ein äußerst kalter und unwirtlicher Planet. An seinem Äquator schwankt die Temperatur zwischen $+13$ und $-53\,°C$, in der Nähe des Südpols wurden $-123\,°C$ festgestellt. Nur unter besonders günstigen Bedingungen steigt die Temperatur über den Nullpunkt. An einem anderen Ort betrug die Schwankung zwischen $-10\,°C$ am Tage und $-85\,°C$ in der Nacht. Da die Rotationszeit des Mars mit 24 Stunden und 37 Minuten der unserer Erde sehr ähnlich ist, kommt es zu einem relativ schnellen Wechsel der Tageszeiten. Während des Staubsturms war zu beobachten, daß auch dieser das Klima beeinflußte. Da Staub die Sonnenstrahlung absorbiert, erwärmte sich die Marsatmosphäre etwas, während sich die Oberfläche leicht abkühlte.

Gibt es Leben auf dem Mars?

Die besonders interessante Frage, ob es auf dem Mars einfache Lebensformen gibt, versuchten die amerikanischen Viking-Sonden 1 und 2 zu beantworten. Sie bestanden aus einem Teil, Orbiter genannt, der in eine Umlaufbahn um den Mars gebracht wurde, und einem Landeteil, der weich auf die Marsoberfläche niederging. Günstige Landeplätze wurden nach den schon vorher erfolgten Mariner-Aufnahmen ausgewählt und aus der Umlaufbahn des Orbiters nochmals genauer erkundet. Dabei zeigte sich, daß der zunächst vorgesehene Landepunkt eine zu ungünstige Bodenbeschaffenheit hatte. Die Landung mußte um 16 Tage verschoben werden und erfolgte bei Viking 1 am 20. Juli 1976 an einem anderen Ort. Viking 2 ging am 4. September 1976 nieder.

Die Landeteile waren unter anderem mit einem Greifarm ausge-

Absetzen des Landegeräts von Viking 1 (schematische Darstellung). Der links oben gezeigte Flugkörper bleibt in einer Umlaufbahn um den Mars. Rechts unten sieht man das Landegerät, das sich von dem umlaufenden Teil löste, zunächst durch einen Fallschirm und in der Schlußphase des Abstiegs durch Raketentriebwerke gebremst wurde

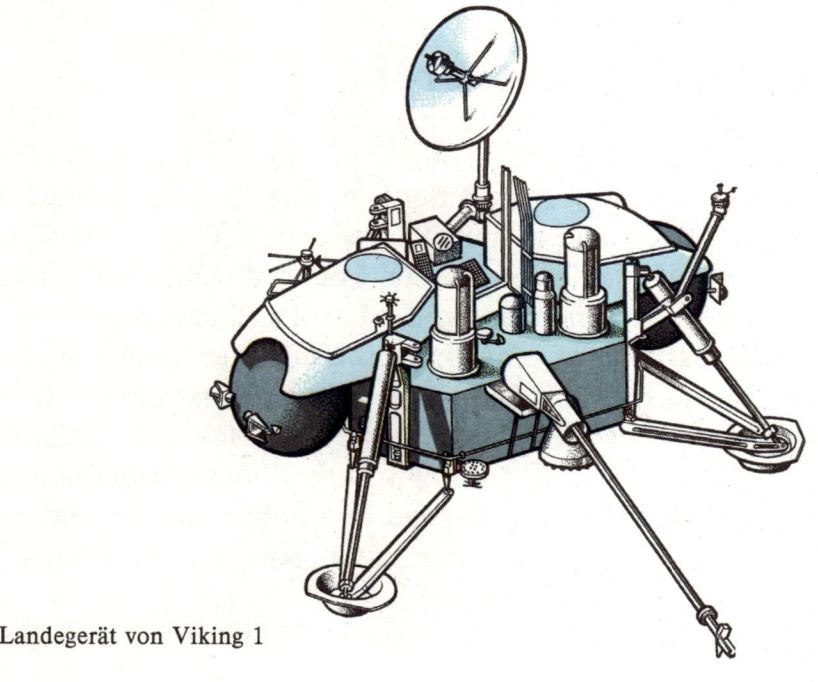

Landegerät von Viking 1

rüstet, der Bodenproben entnahm und diese einem automatischen Labor zuführte, das sie auf Anzeichen von Lebensvorgängen untersuchte. Die gemeldeten Daten versetzten die Wissenschaftler zunächst in größte Aufregung. Denn sie schienen tatsächlich für das Vorhandensein von Leben zu sprechen. Erst genauere Überlegungen führten zu dem Schluß, daß dieses Ergebnis nur durch den hohen Sauerstoffgehalt und eine entsprechend starke chemische Reaktionsfähigkeit des Marsbodens vorgetäuscht wird. Inzwischen sieht man in den Resultaten der Viking-Sonden keinen Beweis mehr für Leben.

Die Fernsehkameras des Landeapparats von Viking 1 zeigten das Panorama einer steinigen Wüste. Der Boden war von rostbrauner Farbe. Das ist wahrscheinlich auf einen hohen Eisengehalt der Oberflächenmineralien zurückzuführen und steht in Einklang mit Beobachtungen von der Erde aus, bei denen der Mars oft ein rötliches Aussehen hat und deshalb häufig auch als roter Planet bezeichnet wird.

Foto des Marsbodens, aufgenommen von Viking 2

Der höchste Berg des Sonnensystems

Auf dem Mars befindet sich der höchste Berg, der bisher auf Planeten entdeckt wurde. Er liegt auf der Nordhälfte und wurde Olympus Mons benannt. Seine Umgebung überragt dieser Vulkanberg um mindestens 23 km. An seinem Grunde hat er einen Durchmesser von 500 bis 600 km. Damit stellt er auch den größten Schildvulkan des Sonnensystems dar. In seiner Mitte umschließt er einen 80 km

51

Vergleich der Höhen von Bergen auf der Erde, dem Mond und dem Mars

breiten eingebrochenen Kessel. Etwa zwanzig weitere große Vulkane sind in Aufnahmen zu erkennen.

Als weitere Besonderheit fanden die Planetologen große Grabensysteme, die aber nicht mit den vermeintlichen Marskanälen identisch sind. Eher ist anzunehmen, daß ähnlich wie auf der Erde durch Bewegung schmelzflüssiger Gesteinsmassen im Innern des Planeten Teile der Marskruste auseinandergetrieben werden, so daß Spalten zwischen ihnen entstehen. Viele Gebilde der Marsoberfläche erinnern an Flußtäler mit Nebentälern. Vielleicht ist in ihnen in sehr viel früheren Zeiten tatsächlich Wasser geflossen. Heute gibt es auf dem Mars jedoch kein Wasser in flüssiger Form mehr. Zusammenfassend kann man sagen, daß die Verhältnisse auf dem Mars – obwohl wesentlich verschieden von denen der Erde – unter allen Planeten des Sonnensystems aber noch am erdähnlichsten sind. Zwischen der Entwicklung beider Himmelskörper gibt es mehr Parallelen als bei den anderen.

Eine bisher einmalige Seltenheit unseres Sonnensystems stellen die beiden Marsmonde dar. Sie werden Phobos und Deimos genannt. Das sind altgriechische Bezeichnungen für Furcht und Schrecken. Diese natürlichen Satelliten überraschten die Fachwelt. Aufnahmen von Mariner 9 zeigten, daß beide Monde keine Kugeln, sondern unregelmäßig geformt sind.

Ungewöhnlich ist auch ihre Kleinheit. Phobos ist nur 22,5 km lang und 18 km breit, Deimos hat einen größten Durchmesser von 13 km. Vermutlich umgaben sie den Mars nicht von Anfang an, sondern waren ursprünglich sogenannte Planetoiden (Kleinplaneten), die erst später durch die Anziehungskraft des Mars zu Monden eingefangen wurden. Solche Planetoiden gibt es in besonders großer Anzahl im Raum zwischen dem Mars und dem nächstferneren Planeten Jupiter.

Im Reich der Riesen

Jenseits des Mars beginnt – nach einer „Lücke" – eine Region völlig andersartiger Planeten. Die Astronomen gliedern das Sonnensystem deshalb in einen inneren und einen äußeren Bereich. Alle inneren Planeten – Merkur, Venus, Erde, Erdmond und Mars – sind erdartig im weitesten Sinne. Denn sie haben alle verhältnismäßig geringe Massen, aber große Dichten, keine oder nur Gashüllen mit relativ geringer Ausdehnung und mit Ausnahme des Mars keine Monde. Der Erdmond ist ja – wie beschrieben – als Teil eines Doppelplanetensystems aufzufassen.

Die äußeren Planeten Jupiter, Saturn, Uranus und Neptun sind demgegenüber viel massereicher und größer, aber von geringerer Dichte. Sie beträgt weniger als 2 g/cm^3. Trotz ihrer Größe rotieren diese Planeten sehr schnell und sind daher an den Polen stärker abgeplattet als die Erde. Ihr Inneres ist weitgehend flüssig. Sie haben sehr ausgedehnte Atmosphären, die selbst die der Venus weit übertreffen. Man könnte dies auch anders ausdrücken und sagen, daß ihr Volumen und ihre Masse zu einem großen Teil aus Gas bestehen. Die Atmosphären der inneren Planeten – soweit überhaupt vorhanden – machen dagegen nur einen sehr kleinen Teil ihrer Masse aus.

Die Planeten des Sonnensystems in einigermaßen richtigen Größenverhältnissen.
Von oben nach unten: Merkur, Venus, Erde, Mars, Jupiter, Saturn, Neptun und Pluto
(rechts unten). Deutlich lassen sich zwei Arten von Planeten unterscheiden: innen
umlaufende erdartige und verhältnismäßig kleine (Merkur, Venus, Erde, Mars) sowie
außen umlaufende Riesenplaneten (Jupiter, Saturn, Uranus, Neptun)

Die wichtigsten Daten der Planeten

Planet	Äquator-radius in km	Masse (Erde = 1)	Mittlere Dichte in g/cm³	Mittlerer Abstand von der Sonne in Millionen km	in AE
Merkur	2 438	0,06	5,62	57,9	0,387
Venus	6 056	0,8	5,09	108,2	0,723
Erde	6 378	1	5,52	149,6	1,000
Mars	3 394	0,1	3,95	227,9	1,524
Jupiter	71 825	317,8	1,30	778,3	5,203
Saturn	60 335	95,1	0,68	1427	9,539
Uranus	25 900	14,5	1,2	2870	19,182
Neptun	24 600	17,2	1,65	4496	30,057
Pluto	1 400	0,002	1,05	5947	39,750

Die Massen der anderen Planeten sind in Bruchteilen beziehungsweise Vielfachen der Erdmasse angegeben.

Die Magnetfelder von Jupiter und Saturn sind viel kräftiger und die Magnetosphären stärker ausgeprägt. Ferner haben die äußeren Planeten viele Monde, Jupiter, Saturn und Uranus darüber hinaus noch Ringe, die bei den inneren Planeten überhaupt nicht vorkommen. Einige Daten der inneren und äußeren Planeten sind zum Vergleich in der Tabelle zusammengestellt.

Explodierte ein Planet?

Bevor die elektronischen Roboter in das besonders viele Rätsel bergende Reich der Riesenplaneten vordrangen, hatten sie jedoch erst eine ebenfalls sehr interessante Region des Sonnensystems zu durchqueren. Der Mars ist rund anderthalbmal, der nächstfolgende Planet Jupiter jedoch gleich fünfmal weiter von der Sonne entfernt als die Erde. Zwischen Mars und Jupiter klafft also eine ungewöhnlich große Lücke. Früher vermutete man, daß dort ursprünglich ein weiterer Planet vorhanden war, der in größere und kleinere Brocken zerfiel. Da es für einen solchen Vorgang jedoch keine erkennbaren Ursachen gibt, gilt diese Hypothese heute als überholt.

Doch befinden sich in der Mars-Jupiter-Lücke, die gewissermaßen die Grenzregion zwischen dem inneren und äußeren Sonnensystem darstellt, viele Tausende kleinerer Planeten. Sie werden Planetoiden oder Asteroiden genannt. Bisher sind etwa 5 000 entdeckt (aber von nur rund 2 000 sind die Bahnen bekannt). Ihre Gesamtzahl wird jedoch auf 50 000 bis 100 000 geschätzt. Der größte – Ceres genannt – hat einen Durchmesser von 1 025 km, die weitaus meisten sind viel kleiner. Daß auch Phobos und Deimos wahrscheinlich einmal solche Planetoiden waren, darauf deuten nicht nur ihre kleinen Massen, sondern auch ihre ungewöhnlichen Bahnen hin. Wenn dies zuträfe, wäre ein weiterer Unterschied zwischen den erdartigen und den jupiterartigen Planeten nochmals hervorzuheben: Innere Planeten hätten überhaupt keine „echten", sondern im Falle des Mars lediglich eingefangene Monde. Demgegenüber haben die Riesenplaneten neben eingefangenen auch echte Monde. Damit stellen sie gewissermaßen kleine Modelle des Sonnensystems dar. Das ist bei Jupiter und Saturn besonders deutlich. So wie die Sonne von Planeten sind sie von zahlreichen Monden umgeben.

1 000 Milliarden Brocken

Kommen wir aber noch einmal auf die Mars-Jupiter-Lücke zurück, die wegen der dort vorhandenen vielen Kleinplaneten auch Planetoidengürtel genannt wird. Die Anzahl der Himmelskörper in diesem Bereich, die Durchmesser von über 10 km haben, wird auf mindestens 10 000 beziffert. Beziehen wir aber noch kleinere Gebilde von einem oder wenigen Metern mit ein, so erhöht sich ihre vermutete Anzahl bereits auf 3 Millionen. Von Brocken, die weniger als einen Meter groß sind, soll es sogar über 1 000 Milliarden geben. Möglicherweise entstand die riesige Anzahl solcher kleinen und kleinsten Körper durch mehrmalige Zusammenstöße größerer, bei denen diese in kleine Stücke zertrümmert wurden. Mit den heutigen Vorstellungen über die Entstehung des Planetensystems wäre aber auch die Annahme zu vereinbaren, daß von Anfang an sehr viele kleine und kleinste Brocken gewissermaßen übrigblieben und nicht mehr zu einem großen planetenartigen Himmelskörper „verbacken" wurden. Planetoiden und Meteoriten haben eine ähnliche Zusammensetzung.

Mit einigem Recht bangten deshalb die Wissenschaftler um das Schicksal der ersten, am 2. März 1972 zum Jupiter und Saturn gestarteten Sonde Pioneer 10. Einige Fachleute gaben ihr nur eine Chance von 50 Prozent, ohne Beschädigung durch einen Zusammenstoß mit einem der vielen kosmischen Brocken den Planetoidengürtel zu durchqueren. Schon der Treffer eines nur 0,5 mm großen Meteoriten an einer empfindlichen Stelle hätte genügt, um wichtige Teile der Sonde außer Funktion zu setzen. Eine erste interessante Aufgabe des Flugkörpers bestand deshalb schon darin, die Häufigkeit solcher Kleinkörper im Planetoidengürtel zu ermitteln. Es zeigte sich, daß die Anzahl dieser kleinen Körper geringer war als erwartet. Daraufhin wurde am 5. April 1973 die Sonde Pioneer 11 gestartet.

Über ein halbes Jahr dauerte bei Pioneer 10 die Durchquerung der gefährlichen Zone. Nach einem Flug von fast 1 Milliarde km näherte sich der elektronische Kundschafter der Wolkendecke des Riesenplaneten Jupiter auf 131 400 km. Berücksichtigen wir, daß dessen Äquatordurchmesser 143 650 km beträgt, so ist das ein sehr geringer Abstand. Er ermöglichte Abbildungen des Planeten und seiner Monde in einer Größe und Deutlichkeit, von der die Astronomen vordem nicht einmal zu träumen wagten. Pioneer 11 näherte sich der Wolkendecke am 2. Dezember 1974 sogar auf nur 42 800 km. Weitere zwei Sonden, Voyager 1 und 2, gelangten 1979 in den Raum des Jupiters. Die mittlere Entfernung dieses Planeten von der Sonne beträgt 5,203 AE = 778,3 Millionen km.

Die beiden Flugkörper brachten über Jupiter und Saturn innerhalb von wenigen Jahren mehr Erkenntnisse als die Fernrohrbeobachtungen und instrumentellen Messungen von der Erde aus in Jahrhunderten. Auch die Größen der beiden Planeten und mehrerer ihrer Monde konnten durch die Sonden noch genauer bestimmt werden.

Ein Ozean von 50 000 km Tiefe

Fassen wir einiges von dem heutigen Wissen über den Jupiter, wie es durch die elektronischen Roboter wesentlich mitbegründet, präzisiert oder überhaupt erst neu gewonnen wurde, zusammen:

Ein Riesenplanet wie Jupiter besteht überwiegend nicht aus solchen Stoffen, aus denen die Erdkugel aufgebaut ist, wie zum Beispiel Silizium, Aluminium, Eisen, Nickel und Magnesium, sondern aus den beiden leichtesten chemischen Elementen, nämlich Wasserstoff und Helium. Das ist ein ganz wesentlicher Unterschied gegenüber allen erdartigen Himmelskörpern. Die beiden genannten Gase sind die im Weltall insgesamt weitaus am häufigsten vorkommenden Stoffe überhaupt. Alle anderen chemischen Elemente bilden nur kleine Beimengungen zu dieser Materie. Somit ist die stoffliche Zusammensetzung des Jupiters und anderer Riesenplaneten derjenigen der Urmaterie des Universums sowie auch der unserer Sonne und anderer Sterne sehr viel ähnlicher als die der erdartigen Planeten. Diese enthalten weit größere Anteile an schwereren Elementen.

Auch der physikalische Aufbau des Jupiters ist grundverschieden von dem der erdartigen Himmelskörper. Die äußere Region dieses Planeten ist eine gigantische Gashülle. Selbst aus der Nähe konnten die Kameras der Sonde nicht bis auf den Grund der Atmosphäre blicken. Wenn die Zusammensetzung der Gashülle sowie die Anziehungskraft des Jupiters bekannt sind, läßt sich jedoch überschlagsweise berechnen, wie dick diese Gasschicht sein kann.

Vergleich des inneren Aufbaus von Jupiter und Saturn. Die dichten Gashüllen sind braun, die Schalen aus flüssigem Wasserstoff orange oder gelb und die vermutlich festen Kerne grau gezeichnet. Beim Jupiter ist die Zone flüssigen Wasserstoffs viel größer als die Gashülle, beim Saturn ist es umgekehrt

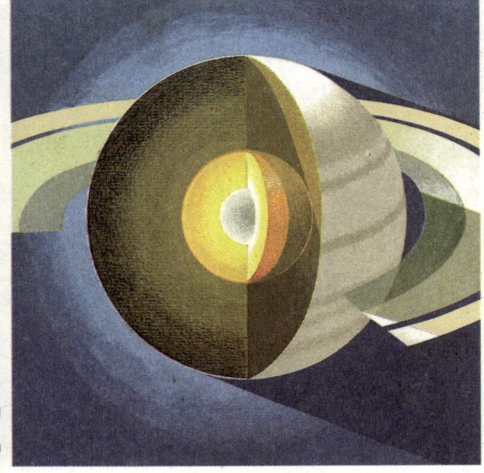

Jupiter, aus 32,7 Millionen km
aufgenommen von Voyager 1

In der Jupiteratmosphäre kommen auf je 100 Wasserstoffmoleküle
(die aus je 2 Wasserstoffatomen bestehen) 11 Heliumatome.
(Atome sind die kleinsten Teile chemischer Elemente, Moleküle
die kleinsten Einheiten chemischer Verbindungen.) Nur spuren-
weise sind in dem Wasserstoff-Helium-Gemisch einige gasförmige
Verbindungen anderer Elemente enthalten.

Eine solche Gasmasse ist nach Berechnungen ab etwa 17 000 bis
20 000 km Dicke so schwer, daß dadurch der Druck auf die darunterliegenden Wasserstoffschichten sehr groß wird und diese von der
Gas- in die flüssige Form übergehen. Das bedeutet, daß 17 000 bis
20 000 km unter der Obergrenze der Jupiter-Atmosphäre ein gigantischer, rund um den Planeten reichender „Ozean" aus flüssigem
Wasserstoff beginnt. Ihm ist ebenfalls Helium zugemischt. Dieser
flüssige Mantel hat nochmals eine Tiefe von 40 000 bis 50 000 km.
Erst darunter befindet sich wahrscheinlich ein fester Kern aus
schwereren Elementen, wie sie auch in erdartigen Planeten häufig
sind. Man schätzt, daß dieser Kern das 10fache der Erdmasse hat.
Die Gesamtmasse des Jupiters ist 318mal größer als die der Erde.

Auch in der Wasserstoff-Helium-Atmosphäre des Jupiters schwe-
ben Wolken. Sie bestehen jedoch nicht nur wie die irdischen aus
Wassertröpfchen und Eiskristallen, sondern vermutlich zum großen

59

Nahaufnahme des Jupiters von Voyager 1. Vor dem Großen Roten Fleck (links) sieht man den Mond Io, rechts davon den Mond Europa

Teil aus Ammoniaktröpfchen und -kristallen. Ammoniak ist eine Verbindung von Wasserstoff und Stickstoff. An der Wolkenobergrenze herrscht eine mittlere Temperatur von $-130\,°C$. Dies ist durch die größere Entfernung von der Sonne bedingt. In Jupiternähe trifft nur noch etwa 1/27 derjenigen Strahlungsenergie der Sonne ein, wie sie eine gleich große Fläche in Erdnähe erhält. Der Jupiter strahlt aber mehr Wärme aus, als er von der Sonne empfängt. Folglich müssen in seinem Inneren energieliefernde Vorgänge stattfinden. Sie sind nicht von derselben Art wie die in der Sonne, sondern beruhen wahrscheinlich darauf, daß sich seine Masse weiter zusammenzieht und verdichtet. Auch dabei wird Energie frei.

In der Atmosphäre des Riesenplaneten sind gigantische Gasströme in rasender Bewegung. Sie haben größere Geschwindigkeiten als irdische Orkane. Die Strömungen entsprechen etwa den parallel zum Äquator verlaufenden streifenförmigen Gebilden, die mit dem Fernrohr sichtbar sind. Der seit 1665 beobachtete Große Rote

Fleck ist vermutlich ein riesiger, dauernd anhaltender Wirbelsturm. In den Nahaufnahmen der Sonden zeigten sich noch mehrere kleinere Wirbel. Auf der Nachtseite wurden gigantische Blitze beobachtet, die auf mächtige elektrische Entladungen, also auf eine Art Gewitter schließen lassen. Über den Magnetpolen des Planeten flammen Polarlichter von 32 000 km Länge auf. Könnten wir den Jupiter umfliegen, so böte sich uns ein mitreißendes Naturschauspiel.

Die Todeszone des Giganten

Abgesehen von den physikalisch-technischen Gründen, die eine solche Expedition verhindern, wäre es tödlich, sich in die Nähe des Jupiters zu begeben. In seiner Magnetosphäre hat sich ebenfalls ein etwa scheibenförmiger Strahlengürtel ausgebildet. In ihm sind so viele und so energiereiche Teilchen eingefangen, daß die Stärke ihrer Strahlung ausreicht, um 99,9 Prozent der sporenbildenden und 100 Prozent aller übrigen Bakterienarten abzutöten. Nach Passieren des Strahlengürtels waren die vier Sonden – Pioneer 10 und 11 sowie Voyager 1 und 2 – sterilisiert, keimfrei, also alle in ihnen eventuell enthaltenen mikroskopisch winzigen Lebewesen abgestorben. Da der Mensch gegen Strahlung weit empfindlicher ist, als Bakterien es sind, wäre schon 1/1 000 der im Inneren der Sonden gemessenen Strahlung für ihn tödlich. Sogar die Funktion verschiedener elektronischer Geräte der Flugkörper wurde durch die starke Strahlung beeinträchtigt.

Nicht weniger interessante Objekte sind die 16 Monde des Riesenplaneten. Einige davon wurden erst durch die Voyager-Sonden entdeckt. Ferner zeigten die Nahaufnahmen, daß sich auch unter den Jupitermonden sehr kleine und unregelmäßig geformte, nicht kugelige Brocken befinden. Vermutlich sind es eingefangene Planetoiden. Ein fesselndes Schauspiel bot der Anblick des großen Mondes Io. An seiner Oberfläche war eine so starke Vulkantätigkeit zu beobachten, wie sie derzeit auf keinem anderen Himmelskörper des Sonnensystems mehr herrscht. Riesige Vulkane schleuderten Fontänen von Gas, Staub, Asche und große Brocken mit einer Anfangsgeschwindigkeit von etwa 1 000 m/s bis in Höhen von

Jupitermond Io aus 490 000 km Entfernung aufgenommen von Voyager 1. Am Horizont ist ein gewaltiger Vulkanausbruch zu erkennen

250 km. Das übertrifft die Auswurfgeschwindigkeit irdischer Vulkane um das 10- bis 20fache. Über einhundert kesselartige Vertiefungen, die durch Vulkanausbrüche entstanden sind und Calderen genannt werden, kennzeichnen die Oberfläche der Io. (Dieses Wort ist weiblichen Geschlechts. Der Mond ist nach einer Tochter des Flußgottes der griechischen Sage benannt.) Die Durchmesser der Calderen erreichen bis zu 200 km.

Der Boden der Io ist mit Natrium-, Kalium- und Schwefelverbindungen bedeckt, die aus dem vulkanischen Auswurfmaterial stammen. Die darunterliegende Urkruste des Mondes ist daher nicht mehr zu sehen. In große Höhen geschleuderte elektrisch geladene Schwefelteilchen wurden vom Jupiter so eingefangen, daß sie einen etwa 6 000 km breiten, aber nur weniger als 30 km dicken Ring um ihn bilden. Sein äußerer Rand ist etwa 128 300 km von der Obergrenze der Wolkendecke des Riesenplaneten entfernt.

Monde aus Eis und Schlamm

Ein interessanter Jupitermond ist auch Europa, wie unser Erdteil ebenfalls nach einer weiblichen griechischen Sagengestalt benannt. Dieser Mond hat eine dicke Kruste aus Wassereis. Dadurch ist er der einzige bisher bekannte Körper unseres Planetensystems mit geradezu idealer Kugelform. Alle größeren Unebenheiten sind durch das Eis ausgeglichen. Es gibt auf der Europa keine Erhebungen von mehr als 50 m. Auffällig ist ein weit verzweigtes Netz von „Linien", die zwischen 5 und 40 km breit und bis zu über 1 000 km lang sind. Aus Vergleichen mit Aufnahmen des arktischen Packeises der Erde, die aus Weltraumstationen erfolgten, kann man schließen, daß diese Linien Sprünge in der Eiskruste der Europa darstellen. Meteoriteneinschlagskrater fehlen. Vermutlich hatte sie früher eine riesige Wasserhülle, die alle Krater überdeckte und später gefror.

Einen völlig anderen Typ von Himmelskörpern bilden die beiden Jupitermonde Ganymed und Kallisto. Sie haben eine sehr geringe mittlere Dichte; wahrscheinlich besteht ihre Masse etwa zur Hälfte aus Wasser. Es ist in der äußeren Schicht infolge niedriger Temperaturen freilich gefroren. Wahrscheinlich haben beide Monde einen Kern aus einem Material, in dem gesteinsartige Stoffe mit Wasser zu Schlamm vermischt sind. Die feste Kruste der beiden Himmelskörper besteht aus gefrorenem Schlamm. Sie hat zahlreiche Meteoriten-Einschlagskrater.

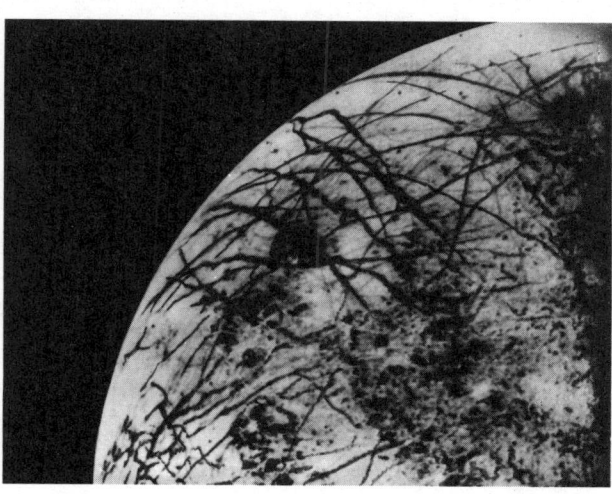

Jupitermond Europa aus 250 000 km Entfernung aufgenommen von Voyager 2

63

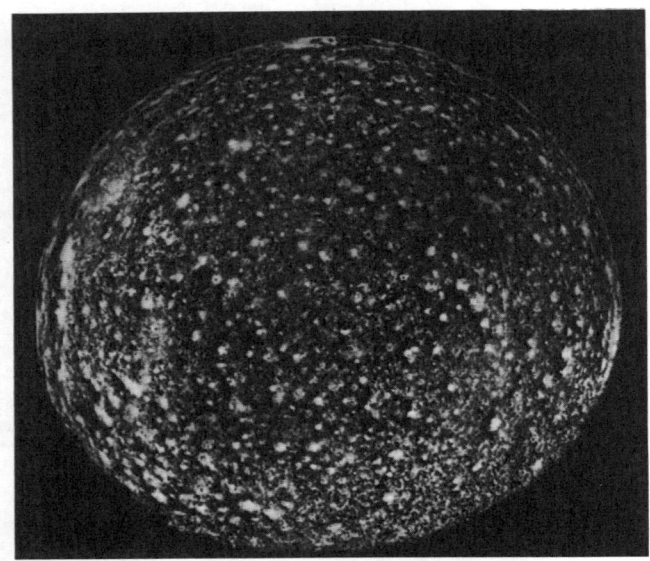

Die dicht mit Kratern bedeckte Oberfläche des Jupitermondes Kallisto aus rund 400 000 km Entfernung aufgenommen von Voyager 2

Eine bewundernswerte Leistung der Raumfahrttechnik war die Übertragung der Signale zur Erde. Sie erfolgte aus einer Entfernung von über 700 Millionen km. Obwohl sich Funkwellen mit der Geschwindigkeit des Lichts von 300 000 km/s ausbreiten, dauerte es etwa 40 Minuten, bis sie zur Erde gelangten. Die an den Empfangsantennen eintreffende Energie war dabei so schwach, daß man sie rund 40 Milliarden Jahre lang hätte aufspeichern müssen, um so viel anzusammeln, daß man damit eine elektrische Lampe von 16 Watt (Kurzzeichen: W) eine Sekunde zum Leuchten bringen kann. Trotzdem gelang es, die schwachen Signale so zu verstärken und weiterzuverarbeiten, daß sich daraus scharfe Bilder und andere genaue Daten gewinnen ließen.

... und weiter zum Saturn

Die Sonde Pioneer 11 erhielt nach dem erwähnten Swing-by-Prinzip durch die Anziehungskraft des Jupiters nochmals einen „Schwung" und flog zu dem nächstferneren Planeten Saturn weiter. Seine mittlere Entfernung von der Sonne beträgt 9,539 AE. Die Sonde erreichte ihn nach einer 6 1/2jährigen Reise und einer Flugstrecke von über 3 Milliarden km im September 1979. Dabei näherte sie sich dem Planeten auf 21 400 km. Aus einer Entfernung von etwa 1,6 Milliarden km übertrug sie 120 Fotos sowie Meßdaten über den Saturn, seine Monde und Ringe. Voyager 1 gelangte im August 1980, Voyager 2 ein Jahr später in die Nähe dieses einzigartigen Himmelskörpers, der durch seine im Fernrohr erkennbaren Ringe seit je die Wissenschaftler in besonderem Maße beschäftigte.

Der Saturn gehört zu den Riesenplaneten, und mit 120 670 km Äquatordurchmesser ist er um nur etwa 1/6 kleiner als der Jupiter. Seine Masse ist 95mal, die des Jupiters 318mal größer als die der Erde. In der stofflichen Zusammensetzung und im Aufbau ähneln sich beide Himmelskörper, doch ist die äußere Region, also die Gashülle aus Wasserstoff und Helium, beim Saturn noch größer. Der Übergang von dieser Atmosphäre in einen Ozean aus flüssigem Wasserstoff und Helium erfolgt erst in 36 000 bis 40 000 km Tiefe. Dieser flüssige Mantel des Planeten hat dagegen eine Tiefe von nur 10 000 bis 15 000 km. Der Unterschied gegenüber dem Jupiter beruht auf der geringeren Masse und dementsprechend schwächeren Anziehungskraft des Saturns. Dadurch wird die Gashülle nicht so stark zusammengedrückt. Ein Druck, bei dem der gasförmige in flüssigen Wasserstoff übergeht, entsteht daher erst in größerer Tiefe der Atmosphäre. Der flüssige Mantel umschließt

Saturn aus 20 Millionen km Entfernung von Voyager 2 fotografiert. Die hellen Punkte am linken Bildrand sind von oben nach unten die Monde Thetys, Dione und Rhea

ebenfalls einen festen Kern aus gesteins- und eisartigem Material. Der größte Teil der Saturnkugel besteht also aus Gas.

Der Planet strahlt wie der Jupiter mehr Wärme aus, als er von der Sonne empfängt. Dies beruht vermutlich auf einer allmählichen Entmischung von Wasserstoff und Helium, wobei Energie frei wird. In der Atmosphäre des Saturns wurden Strömungsgeschwindigkeiten festgestellt, die bis 1 800 km/h betragen und damit 4- bis 5fach größer als die höchsten Windgeschwindigkeiten auf dem Jupiter sind. Auch zahlreiche kleinere Windwirbel wurden beobachtet. In der obersten Wolkenschicht der Äquatorzone herrschen Temperaturen um −167 bis −161 °C. Auch der Saturn hat ein Magnetfeld und folglich eine Magnetosphäre. Polarlichter wurden ebenfalls registriert.

Saturnringe – nahe besehen

Die Ringe des Saturns wurden 1610 von dem italienischen Gelehrten Galileo Galilei, der als erster ein Fernrohr zu astronomischen Beobachtungen nutzte, entdeckt. Doch herrschte noch fast ein halbes Jahrhundert Unklarheit über ihre Natur. Einige Beobachter hielten sie für henkelartige Ansätze. Daß es ein freischwebendes Ringsystem ist, erkannte erstmals 1656 der niederländische Wissenschaftler Christian Huygens. Der italienische Astronom Gio-

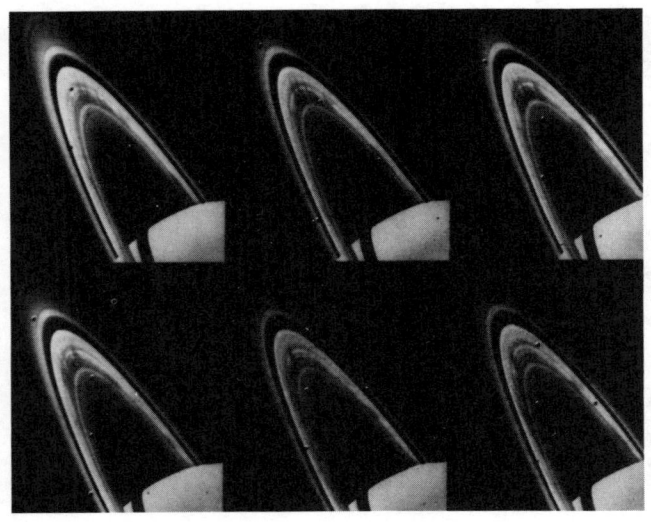

Aufnahmen der Saturnringe aus etwa 24 Millionen km Entfernung. Sie erfolgten durch Voyager 1 in Abständen von ungefähr 15 Minuten in der Reihenfolge von links oben nach rechts unten

Ausschnitt aus dem Ringsystem des Saturns, aus 2,7 Millionen km Entfernung von Voyager 2 aufgenommen

vanni Cassini lehrte Anfang des 17. Jahrhunderts, daß die Ringe aus sehr vielen einzelnen Satelliten, also winzigsten Monden, bestehen, die den Saturn umkreisen. Durch die Sonden gelangen eindrucksvolle Nahaufnahmen dieser eigenartigen Gebilde.

Der Durchmesser des gesamten Ringsystems entspricht mit 278 000 km etwa drei Vierteln der Entfernung Erde – Mond. Alle Ringe sind in der Äquatorebene angeordnet. Trotz ihrer großen Breiten haben sie eine Dicke von nur etwa 3 km. Es werden mehrere Ringe unterschieden und von außen nach innen, also in Richtung zur Saturnoberfläche, mit den Buchstaben E, F, G, A, B und C bezeichnet, wobei C nochmals in einen C- und D-Ring gegliedert ist. Zwischen dem A- und dem B-Ring befindet sich eine 3 000 km breite Lücke, Cassinische Teilung genannt.

In den Aufnahmen erkennt man, daß die A-, B- und C-Ringe aus Tausenden von sehr schmalen Teilringen zusammengesetzt sind. Sie bestehen aus eisartigen Körpern, die wenige Zentimeter oder auch einige Meter groß sein dürften. Die Teilchen sind in den verschiedenen Ringen unterschiedlich dicht angeordnet. In einigen ist die Teilchendichte so gering, daß die Ringe durchsichtig sind. Der D-Ring reicht vermutlich bis an den Planeten selbst.

Ein weit entfernter „Verwandter" der Erde

Der Saturn hat 23 Monde, von denen viele sehr klein sind und größtenteils erst mit Hilfe der Sonden entdeckt wurden. Einige der Kleinmonde haben Durchmesser von nur etwa 30 km, andere von ungefähr 200 km. Eine kosmische Besonderheit stellt der Titan dar. Er ist der einzige Mond des Sonnensystems, der eine dichte Atmosphäre hat. Sie reicht etwa 20mal höher als die Erdatmosphäre und besteht hauptsächlich aus Stickstoff, der ja auch in der irdischen Luft mit 78 Prozent den Hauptbestandteil bildet. Die Gashülle hat also die größte Ähnlichkeit mit der unseres Planeten. Der Gasdruck an der Oberfläche des Titans dürfte nur etwa doppelt so hoch sein wie der Luftdruck an der Erdoberfläche. Vermutlich gibt es in der Titanatmosphäre sogar ähnliche Wettererscheinungen wie auf der Erde. Dabei könnte das Gas Methan (eine chemische Verbindung von Kohlenstoff und Wasserstoff) die Rolle spielen, welche in der irdischen Atmosphäre dem Wasserdampf zukommt. Auf dem Titan würde es dann Methantropfen regnen und Methanflocken schneien.

Vor der Erkundung durch die Sonden galt der Titan mit 5 350 km Durchmesser als der größte Mond des Sonnensystems. Denn im Fernrohr sind der Himmelskörper selbst und die ihn umgebende mindestens 200 km dicke Dunstschicht nicht zu unterscheiden.

Wie Nahaufnahmen zeigten, ist die feste Mondkugel jedoch um so viel kleiner, daß nach dem neuesten Stand gewonnener Erkenntnisse der Jupitermond Ganymed den größten des Planetensystems darstellt.

Unter den Saturnmonden befinden sich auch solche, die einen weiteren ganz anderen Typ von Himmelskörpern bilden, weil sie vollständig aus Eis bestehen. Bei ihnen dürfen wir allerdings gleichfalls nicht nur an Wassereis denken.

Auf den Oberflächen mancher Monde fanden sich Meteoriten-Einschlagskrater, auf dem Mimas beispielsweise einer von fast 100 km Durchmesser. Das ist ein Viertel des Gesamtdurchmessers dieses kleinen Mondes. Die Höhe des Kraterwalls beträgt 9 km. Ein 300 km großer Krater befindet sich auf dem zweitgrößten Saturnmond Rhea.

Abschied für immer

Pioneer 10 war das erste von Menschenhand geschaffene Gebilde, das den Raum unseres Sonnensystems für immer verließ. Am 13. Juli 1983 überflog die Sonde die Bahn des Neptuns, der zu dieser Zeit der sonnenfernste bekannte Planet war. Pluto befindet sich eigentlich noch weiter entfernt. Seine Bahn ist jedoch so stark elliptisch, daß er sich zeitweise innerhalb der Neptunbahn bewegt. Zwar gehört er zu den äußeren Planeten, ist aber kein Riese, sondern möglicherweise nur ein „entlaufener" ehemaliger Mond des Neptuns.

An dem genannten Tag im Juli 1983 war die Pioneer-10-Sonde 4 527 978 612 km von der Sonne entfernt. Die Laufzeit der Funksignale zur Erde betrug bereits rund 4 Stunden und 10 Minuten. Die weitere Bahn des Flugkörpers ist für die nächsten 850 000 Jahre vorherberechnet. Danach wird er erst nach 32 160 Jahren wieder in die Nähe einer anderen Sonne des Weltalls kommen, die etwa 3,27 Lj von uns entfernt ist. Dies wird in den nächsten Millionen Jahren aber die einzige Annäherung an einen anderen Stern bleiben. So riesig sind die Abstände der einzelnen Sterne voneinander.

Voyager 2 flog zum Uranus weiter und erreichte am 24. Januar 1986 mit einem Abstand von nur 81 542 km die größte Annäherung. Bereits seit Anfang November 1985 übermittelte die Sonde über 4 300 Bilder des Planeten und seiner Monde. Aus den durch Filter verschiedener Farben aufgenommenen Schwarzweißbildern ist zu schließen, daß die Gashülle des Uranus blaugrün aussieht. Dies ist durch das in der Atmosphäre enthaltene Methangas bedingt. Es absorbiert den roten Anteil des Sonnenlichts und reflektiert hauptsächlich blaues Licht.

Die Sonde war zu dieser Zeit über 3 Milliarden km von der Erde entfernt. Trotz der Lichtgeschwindigkeit von 300 000 km/s waren die Funksignale etwa $2\frac{3}{4}$ Stunden unterwegs, bis sie die Erde erreichten. Außer den bereits durch Fernrohrbeobachtungen bekannten wurden zehn Monde und einige weitere Ringe, die den Uranus umgeben, entdeckt. Die Temperatur des mittleren Teils der Gashülle beträgt nach den Meßergebnissen weniger als −177 °C. Das Magnetfeld des Planeten hat etwa $\frac{1}{15}$ der Stärke desjenigen der Erde. Gute Aufnahmen gelangen auch von den Uranus-Monden.

Auf den Oberflächen von Ariel, Umbriel, Miranda, Oberon und Titania befinden sich Meteoriten-Einschlagskrater, die denen unseres Erdmondes ähnlich sind. Auf dem Oberon gibt es ein etwa 5 000 m hohes Bergmassiv.

Nach der Begegnung mit dem Uranus fliegt Voyager 2 weiter in Richtung Neptun, dem sich die Sonde nach den Berechnungen am 25. August 1989 nähert. In die Umgebung des Pluto wird sie jedoch nicht gelangen. Die Wissenschaftler hoffen aber, daß sie bei ihrem Weiterflug noch etwa 20 Jahre Daten aus den weit entfernten Regionen unseres Sonnensystems jenseits der Plutobahn übermittelt.

Ein Löffel „Ursuppe" des Planetensystems

Am Morgen des 30. Juni 1908 erschreckte eine ungewöhnliche Erscheinung die Bewohner Mittelsibiriens. Ein glühender Feuerball, gleißender als die Sonne, zog über den blauen Himmel. Er war im Umkreis von 600 km zu sehen. In der Nähe der kleinen Ortschaft Wanowara am Flusse Steinige Tunguska ging er nieder. Dabei entstand eine Feuersäule, die kilometerhoch in den Himmel ragte. Das Donnern einer gigantischen Explosion erfüllte die Luft und wurde 1 000 km weit gehört. Auf den Donner folgten Orkanböen, die noch in mehreren hundert Kilometern Entfernung Dächer von den Häusern rissen. Die Erdbebenwarten verzeichneten Erdstöße. Eine Luftdruckwelle raste zweimal um die Erde. An der Stelle, an welcher der unheimliche Körper aus dem Weltall niederging, soll tagelang eine hohe Wasserfontäne aus dem Boden gesprudelt sein. In den ersten drei Nächten nach der seltsamen Erscheinung war der Himmel über Westsibirien, Europa und Nordafrika von leuchtenden Wolken, die in etwa 85 km Höhe schwebten, so erhellt, daß man nachts auf freiem Felde mit einiger Mühe die Schrift einer Zeitungsseite entziffern konnte.

Leider wurde nicht sofort eine wissenschaftliche Expedition in das Gebiet entsandt, sondern erst 1927. Was ihre Teilnehmer sahen, ließ das Ereignis noch rätselhafter erscheinen. Zwar waren im Umkreis von 40 Kilometern alle Bäume entwurzelt, wobei ihre Stämme zum Zentrum der Explosion hin ausgerichtet lagen. Aber von dem Einschlagskrater eines großen Meteoriten fand sich keine Spur. Im Gegenteil: im Zentrum selbst standen die Bäume noch, wenn auch vollkommen entlaubt, verkohlt und ohne Äste. Das ist ein Zeichen dafür, daß die Explosion nicht am Boden, sondern bereits in einiger Höhe stattgefunden hatte.

Die rätselhafte Katastrophe

Jahrzehntelang rätselten die Experten, was dort vorgefallen war. Es wurden viele Vermutungen aufgestellt, darunter auch solche, über welche die Fachwelt heute nur noch lächelt. Nachdem ein Wissenschaftler berechnet hatte, daß eine besonders günstige Flugbahn von der Venus gerade am 30. Juni 1908 zur Erde führte, glaubte man, daß Bewohner unseres Nachbarplaneten der Erde einen Besuch abstatten wollten, aber bei der Landung mit ihrem Raumschiff explodiert seien. Wem die Marsbewohner verdächtiger erschienen, über solche Flugkörper zu verfügen, der deutete die Sache so, daß Marsmenschen zur Venus geflogen wären und bei der Rückkehr noch einen Abstecher zur Erde hätten machen wollen. Als es Atombomben gab, spukte in manchen Köpfen auch die Ansicht, daß Bewohner von Planeten ganz anderer Sonnensysteme die Erde besuchen wollten und mit ihrem von Kernkraft getriebenen Raumschiff dabei explodiert seien.

Doch das sind alles nur Hirngespinste. Viel einfacher und naheliegender ist die Erklärung, daß ein Kometenkern in flachem Winkel zur Erdoberfläche in die Atmosphäre eindrang. Wegen der flachen Bahn kam es zu keinem Aufschlag und somit zu keiner Kraterbildung. Infolge seiner hohen Geschwindigkeit war die Reibung zwischen dem Kometenkern und den Gasteilchen der Atmosphäre so stark, daß dieser schon in größerer Höhe zerbarst. Bereits ein kleiner Kern von etwa 100 m Durchmesser und 30 km/s Geschwindigkeit relativ zur Erde würde, wie Berechnungen ergaben, ausreichen, um alle beobachteten Erscheinungen hervorzurufen.

Schneebälle aus dem Kosmos

Was sind Kometen? Man nimmt an, daß diese eigenartigen Himmelskörper Überbleibsel des Urbaustoffs unseres Sonnensystems darstellen. Das macht sie so interessant für die Wissenschaft. Wahrscheinlich stammen sie vor allem aus dem äußersten Bereich unseres Sonnensystems, der noch jenseits der Bahnen von Neptun und Pluto liegt, also dort, wo die ursprüngliche Gas- und Staubwolke, aus der die Sonne und ihre Planeten gebildet wurden, etwa ihre Grenze hatte. In diesem fernen Bereich gibt es schätzungsweise 100 Milliarden Kometen. Bei ihrem riesigen Abstand von der Sonne wirkt nicht nur deren Anziehungskraft sowie die der Riesenplaneten auf sie ein. Ihre Bahnen werden auch durch die Anziehungskraft benachbarter Sterne unserer Sonne etwas beeinflußt. Dadurch kommt es gelegentlich dazu, daß einige Kometen so abgelenkt werden, daß sie weiter in das Innere des Sonnensystems vordringen.

Der feste Kern eines Kometen hat nur einen oder wenige Kilometer Durchmesser. Er ist aber von einer sehr viel größeren, schwach leuchtenden Hülle, Koma (Kometenatmosphäre) genannt, umgeben. Sie erreicht Durchmesser bis zu etwa 400 000 km (das entspricht der Entfernung Erde – Mond). Sie sieht von der Erde aus betrachtet wie ein Nebelfleckchen aus. Der Kern ist eine Art schmutziger Schneeball. Er besteht aus einem Gemisch von festen Teilchen kosmischen Staubs und von Eis, worunter wir wiederum nicht nur Wassereis, sondern auch gefrorene Gase, zum Beispiel Kohlendioxid, zu verstehen haben. In weiter Entfernung von der Sonne – etwa außerhalb der Jupiterbahn – existiert nur der Kern. Die Koma bildet sich erst bei Annäherung an die Sonne. Deren Licht- und Wärmestrahlung schmilzt die Oberfläche des Eises an und bringt es zum Verdampfen. Im Vakuum des Weltraums erfolgt der Übergang in die Gasform schon bei viel niedrigeren Temperaturen als auf der Erde. Die Gasteilchen reißen bei ihrem Abströmen die in dem Eis eingeschlossenen Staubpartikel mit. So bildet sich um den Kometenkern eine Wolke aus Gas und Staub.

Die Sonnenstrahlen bewirken außerdem eine Zerlegung der Gasmoleküle in Atome und deren Umwandlung in elektrisch geladene Teilchen, Ionen genannt. Ferner erzeugt der Sonnenwind weitere

Der Halleysche Komet nach einem Holzschnitt aus dem 16./17. Jahrhundert

solche geladenen Partikel. Sie werden durch das im Raum zwischen den Planeten vorhandene Magnetfeld beeinflußt und vom Sonnenwind mitverweht. Dadurch bildet sich ein ebenfalls schwach leuchtender Schweif aus, der stets von der Sonne hinweggerichtet ist. Er erinnert an eine vom Sonnenwind mitgerissene „Rauchfahne". Außer diesem Schweif aus geladenen Teilchen bildet sich noch ein solcher aus Staub, der eine etwas andere Richtung hat, aber ebenfalls stets von der Sonne hinweggerichtet ist.

Quellen der Sternschnuppen

Da der Komet auf diese Weise bei jeder Annäherung an die Sonne einen Teil seiner Masse verliert, erschöpft sich allmählich sein Vorrat an gefrorenen Gasen. Man schätzt, daß er je Umlauf 1/1 000 bis 1/100 seiner Masse einbüßt, je nachdem, wie nahe er der Sonne kommt. Daher bleibt nach sehr vielen Runden nur noch etwas von der festen Materie des Kometenkerns übrig. Wenn er sich nach

73

vollständigem Verlust des Eisanteils in lauter einzelne kleine Körnchen auflöst, entsteht längs seiner Bahn ein Schwarm von Meteoriten. Aber auch solange er noch ein richtiger Komet mit Koma und Schweif ist, werden bereits zahlreiche millimeter- bis zentimetergroße Partikel als Meteoriten entlang der Bahn ausgestreut. Kreuzt die Erde bei ihrem Umlauf um die Sonne solche Ströme einstiger Kometenkern-Materie, dann kommt es zu gehäuften Sternschnuppenfällen. Das erklärt, warum in jedem Jahr an bestimmten Tagen beziehungsweise Nächten besonders viele Sternschnuppen zu beobachten sind.

Ein aufsehenerregender Komet ist der Halleysche, benannt nach dem englischen Astronomen Edmund Halley (1656–1742). Er beschäftigte sich mit der Berechnung von Kometenbahnen. Bei der Auswertung der Beobachtungen vorangegangener Generationen von Astronomen fiel ihm auf, daß sich die Bahnen dreier Kometen aus den Jahren 1531, 1607 und 1682 deckten. Er zog daraus als erster den Schluß, daß es Kometen gibt, die periodisch, also in bestimmten Zeitabständen, wiederkehren, und wagte die Voraussage, der Komet würde 1759 erneut erscheinen. Die Gelehrten sahen diesem Jahr mit großer Spannung entgegen. Halley behielt recht, erlebte diesen Triumph selbst aber nicht mehr.

Gewagte Begegnungen

Der Halleysche Komet näherte sich 1986 wieder der Sonne und der Erde. Deshalb trafen die Sowjetunion und andere Staaten umfangreiche Vorkehrungen zur genauen Erforschung dieses Objekts. Im Rahmen des VEGA genannten Vorhabens wurden zwei sowjetische Sonden zur Erkundung des Kometen gestartet. Auch die westeuropäische Weltraumorganisation ESA sowie Japan schickten je eine Sonde auf die Reise.

Die beiden sowjetischen Flugkörper nahmen zunächst Kurs auf die Venus und setzten während des Vorbeifluges dort eine Landekapsel und eine Art Ballonsonde ab. Diese sollten die Wolkenschichten der Atmosphäre weiter erforschen. Nach der Begegnung mit unserem Nachbarplaneten wurden die Bahnen der Flugkörper so verändert, daß sie sich etwa 440 Tage nach dem Start von der

Erde dem Kometenkern auf 8 889 beziehungsweise 8 030 km näherten. Dabei durchquerten die Sonden seine Koma. Für VEGA 1 fand diese Begegnung am 7. März 1986 statt.

Bisher hat noch kein Astronom durch die Koma bis auf den Kern eines Kometen blicken können, auch mit Hilfe des Fernrohrs nicht. Solange er noch keine solche Hülle hat, ist er für genaue Beobachtungen zu weit entfernt und zu klein. Deshalb erbrachten die Fernsehkameras der elektronischen Kundschafter erstmals Bilder eines Kometenkerns. Normalerweise werden die Aufnahmen der Planetensonden zwischengespeichert und dann langsam Bildpunkt für Bildpunkt zur Erde übertragen, um trotz der riesigen Entfernungen scharfe Bilder zu erhalten. Dieses Verfahren wäre beim VEGA-Projekt jedoch mit einem großen Risiko behaftet gewesen. Denn die Sonden können beim Flug durch die Koma in jedem Moment durch den Aufschlag von Staubteilchen oder etwas größeren Bröckchen beschädigt oder zerstört werden. Diese Gefahr ist noch wesentlich höher zu veranschlagen als beim Flug durch den Planetoidengürtel. Bereits erfolgte Aufnahmen wären dann unwiederbringlich verloren. Darum wurden die Bilder sofort zur Erde übertragen. Riesige Radioteleskop-Antennen auf der Halbinsel Krim fingen die übermittelten elektrischen Signale auf.

Außer Fernsehkameras trugen die Sonden zahlreiche Meßgeräte. Sie dienten zur Untersuchung des eingefangenen Staubs und der elektrisch geladenen Teilchen, zum Zählen der auftreffenden Partikel, zur Messung des Magnetfeldes und zur Beantwortung weiterer Fragestellungen. Da die Sonden die Koma mit einer Geschwindigkeit von etwa 80 km/s relativ zum Kern durchflogen, standen für die entscheidenden Aufnahmen und Messungen nur etwa 3 Minuten zur Verfügung. Von der Erde ausgesandte Signale, welche die Geräte einschalten würden, wären jedoch fast 10 Minuten zu den Flugkörpern unterwegs gewesen. Deshalb mußten die VEGA-Sonden völlig selbständig arbeiten.

Die Kameras waren mit einem Computer gekoppelt, der die Funktion eines Navigators erfüllte. Er steuerte auch die außerhalb des eigentlichen Flugkörpers angebrachte Geräteplattform so, daß sie ständig auf den Kometenkern ausgerichtet blieb. Dieses komplizierte System wurde in gemeinsamer Arbeit von sowjetischen, ungarischen und französischen Technikern entwickelt. Wissenschaftler der DDR arbeiteten an der Umsetzung der elektrischen Funksignale zu Bildern mit. Der VEB Carl Zeiss Jena entwickelte für dieses Forschungsvorhaben hochwertige Geräte. Da VEGA 1 und VEGA 2 im Abstand von einigen Tagen starteten, ermöglichte es die zuerst eintreffende Sonde, die zweite durch entsprechende Steuersignale von der Erde aus noch näher an den Kometenkern heranzuführen. Der von der ESA entsandte Flugkörper konnte durch die Pfadfinderdienste von VEGA 1 dem Kern sogar bis auf etwa 1 000 km genähert werden.

Wie schon erwähnt, sind die Kometen wahrscheinlich Überbleibsel des Urbaustoffs, aus dem vor über vier Milliarden Jahren das Planetensystem entstand. Genauere Aufschlüsse über die Kometenmaterie lassen daher weitere vertiefte Erkenntnisse über die Bildung und Entwicklung unseres Sonnensystems erwarten. Professor Dr. Dietrich Möhlmann vom Institut für Kosmosforschung der Akademie der Wissenschaften der DDR faßte deshalb auf einer Pressekonferenz in Moskau den Sinn dieser Forschungen in dem Satz zusammen: „Durch die VEGA-Mission könnte es gelingen, einen Löffel aus der Schüssel der Ursuppe unseres Planetensystems zu schöpfen."

Die umfassende und genaue Auswertung der übermittelten Daten dauert lange Zeit. Vorab wurden aber bereits einige Tage nach den Begegnungen erste Ergebnisse bekanntgegeben. Sie bestätigten, daß Kometen eine Art „schmutzige Schneebälle", also Gebilde aus Eis und schwer schmelzbaren Stoffen sind. Wie Professor Dr. Wassili Moros vom Institut für Weltraumforschung der Akademie der Wissenschaften der UdSSR ausführte, bilden die schwer schmelzbaren Substanzen jedoch eine dünne Oberflächenschicht des Kometenkerns. Sie nimmt die Wärmestrahlung der Sonne auf und leitet sie in die darunterliegenden Eisanteile weiter, die dann schmelzen und durch Spalten der Oberfläche verdampfen.

Die Aufnahmen von VEGA 1 und VEGA 2 deuten darauf hin, daß das relativ runde Kopfgebiet des Kometenkerns etwa 6 km Durchmesser hat und sich der Kern „nach hinten" auf rund 11 km verlängert, wobei der Durchmesser auf ungefähr 3 km abnimmt. Die Daten über die chemische Zusammensetzung des Kometenschweifs sprechen dafür, daß es sich bei dem 1908 in Sibirien niedergegangenen Himmelskörper tatsächlich um einen Kometenkern handelte. Denn der Schweif enthält ebenso wie die im Torf des Absturzgebiets gefundenen Kügelchen die Elemente Aluminium, Natrium, Kalzium, Strontium, Zink und Brom.

Die Erde – beste der Welten

Der deutsche Philosoph Gottfried Wilhelm Leibniz (1646–1716) bezeichnete unsere Erde einmal als die beste der Welten. Wie sehr er damit recht hatte, konnte er noch gar nicht in vollem Umfang wissen. Das zeigte sich erst, seit wir ihre physikalischen und chemischen Verhältnisse mit denen der anderen Planeten vergleichen können. Dabei ergab sich, daß auf unserem Planeten eine ganz ungewöhnliche Häufung von besonders günstigen Bedingungen vorliegt.

Nur die Erde ist gerade so weit von der Sonne entfernt, daß auf dem größten Teil ihrer Oberfläche Temperaturen zwischen 40 °C und 0 °C herrschen. Höhere und tiefere wären lebensfeindlich. Doch nicht allein der Abstand Sonne – Erde trägt entscheidend zu dem lebensfreundlichen Klima bei. Wichtig sind dafür auch weitere Besonderheiten der Erde. So sorgt die schnelle Umdrehung des Planeten für einen guten Temperaturausgleich. Würde eine Rotation einen oder gar mehrere Monate dauern, dann gäbe es in weiten Gebieten abwechselnd Perioden unerträglicher Hitze oder Kälte, weil kein rascher Ausgleich der tagsüber erfolgten Wärmeeinstrahlung durch die nächtliche Abkühlung erfolgte. Dem dauernden extremen Wechsel der Temperatur könnten sich Lebewesen nur sehr schwer anpassen.

Stünde die Rotationsachse der Erde senkrecht auf der Ebene ihrer Umlaufbahn um die Sonne, dann blieben in den verschiedenen Zonen geographischer Breiten die mittleren Temperaturen weitgehend gleich. Es gäbe keine Jahreszeiten. Auch das wäre ungünstig, weil sich dabei zu scharfe Klimagegensätze zwischen den Zonen ausbildeten. Der Anteil unbewohnbarer Gebiete wäre wesentlich größer. Es wurde berechnet, bei welcher Neigung der Rotationsachse der bestmögliche Klimaausgleich erfolgt. Das Ergebnis lautete: 23° bis 24°. Das stimmt mit der tatsächlichen Neigung der Erdachse von 23 1/2° genau überein.

Ohne Atmosphäre, flüssiges Wasser in den Ozeanen und gasförmigen Wasserdampf in der Atmosphäre würden aber auch alle diese ungewöhnlich günstigen Bedingungen allein noch nichts nützen. Die Erde gliche dennoch einer Wüste wie der Mond. Daß unser Planet seine Atmosphäre festhalten konnte, ist durch das günstige Verhältnis seiner Masse und Größe bedingt. Daraus ergibt sich eine Anziehungskraft der Erde, die das Entweichen der Gashülle in den Weltraum verhindert.

Die mittleren Temperaturen liefern die Voraussetzung dafür, daß flüssiges Wasser in großen Mengen die Erdoberfläche bedeckt. Die großen Ozeane tragen ihrerseits zum Klimaausgleich entscheidend bei. Das im Sommer erwärmte Wasser speichert viel Wärme und gibt sie langsam an die Luft ab. Dadurch werden die winterlichen Temperaturen der Atmosphäre gemildert. Schließlich ist auch die Zusammensetzung der Gashülle, die sich im Verlaufe der Erdgeschichte herausbildete, besonders lebensfreundlich. Günstig ist ferner, daß die Masse der Atmosphäre nicht zu groß ist. Denn sonst herrschte an der Erdoberfläche ein unerträglicher Druck wie auf der Venus.

All das zeigt, wie viele besonders günstige Bedingungen vorhanden sein müssen, um einen Himmelskörper lebensfreundlich und bewohnbar zu machen. So ist unsere Erde wirklich „die beste der Welten".

Inhaltsverzeichnis